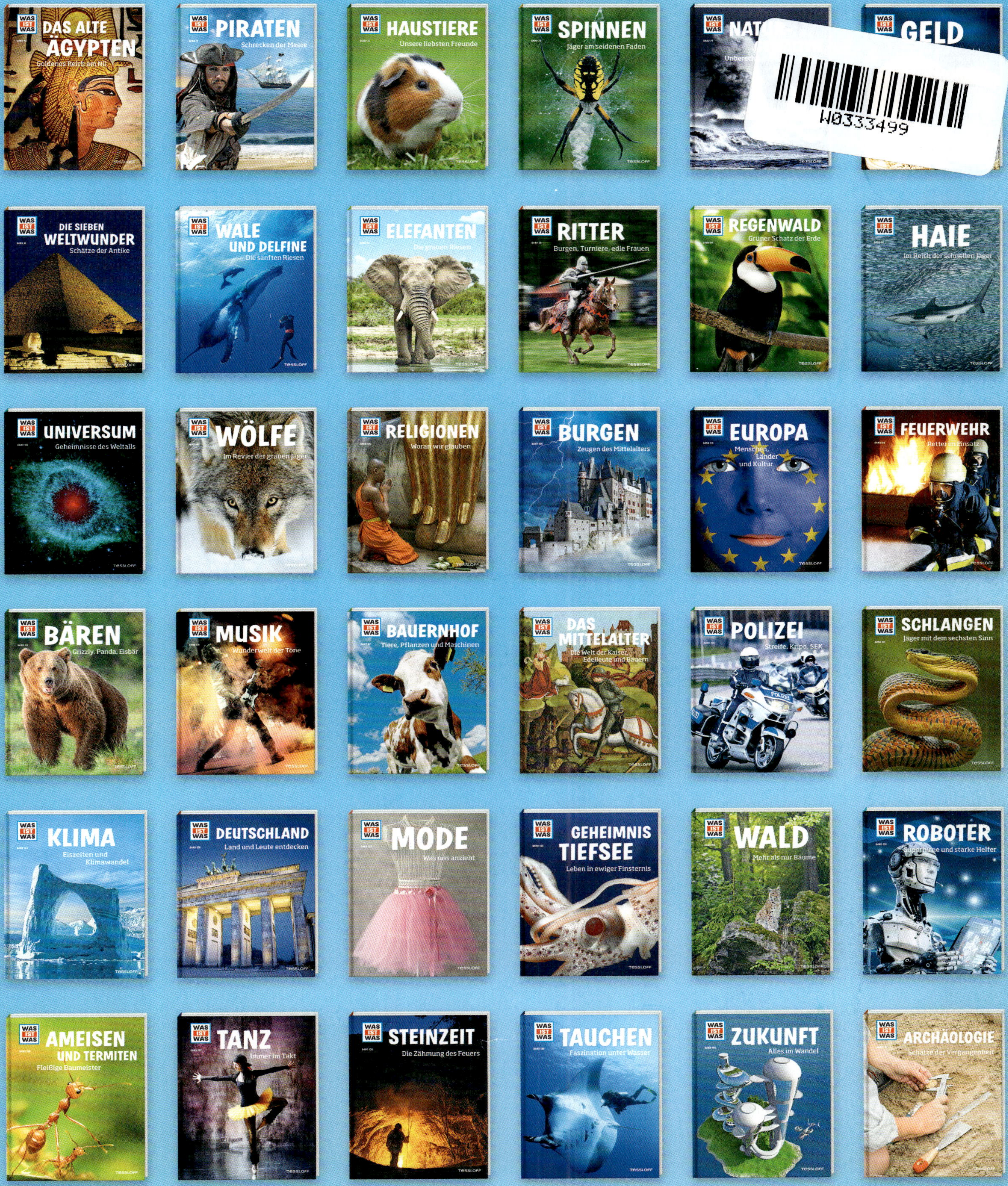

Die Reihe wird fortgesetzt.

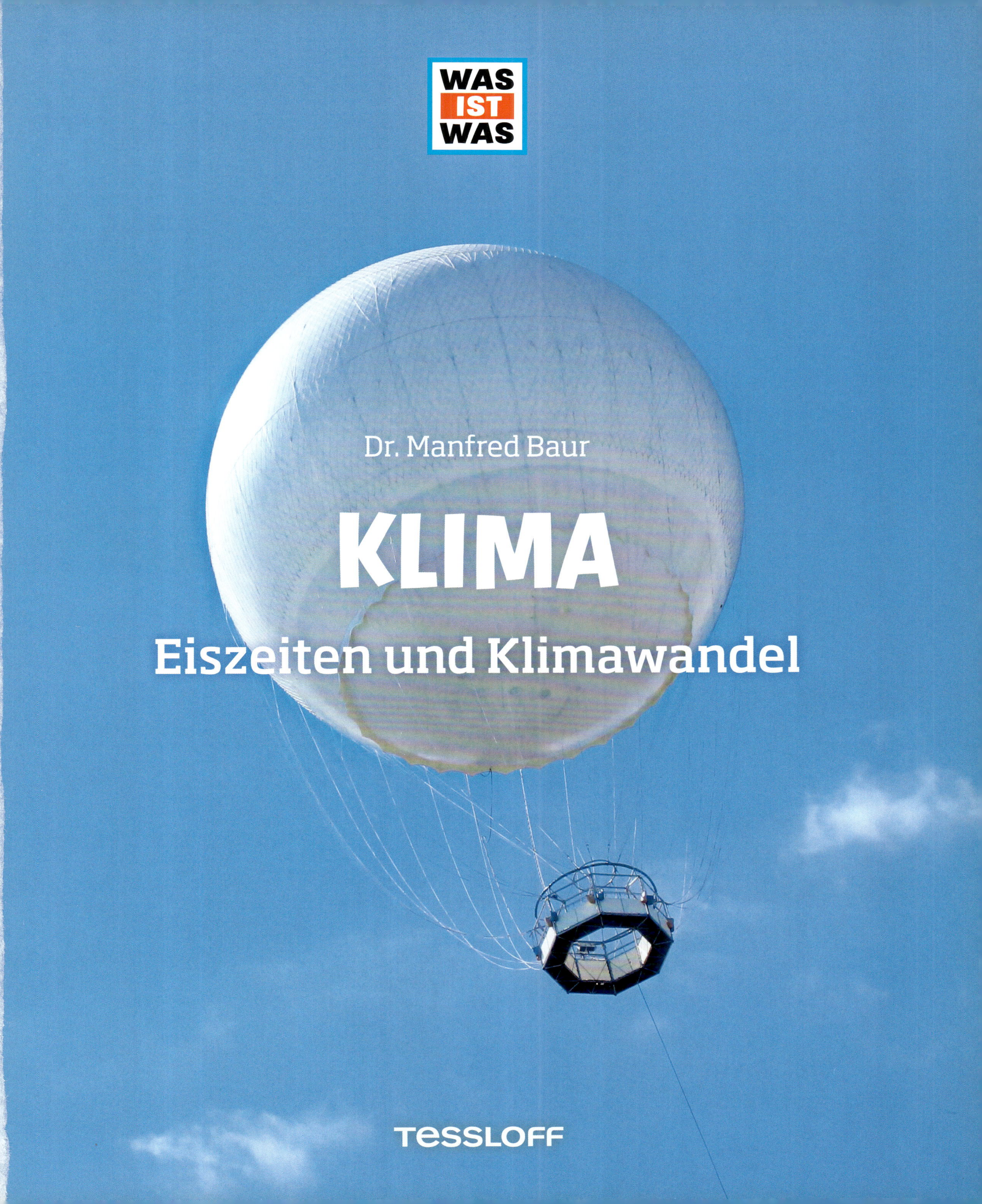

WAS IST WAS

Dr. Manfred Baur

KLIMA

Eiszeiten und Klimawandel

TESSLOFF

Hier siehst du, wo du bist!

Wo ist was?

Seite 12

Auch wenn wir sie nicht immer sehen: Die Sonne sendet ihre Strahlen unablässig zur Erde und ist der Motor unseres Klimas.

Seite 7

Erfahre, was der Unterschied zwischen Wetter und Klima ist und warum Wetterdaten wichtig für Klimaforscher sind.

4 Klima – was ist das eigentlich?

Die mit ▶ markierten Seiten könnten dich besonders interessieren!

12 Klimafaktoren

Seite 22

Woher wissen wir, welches Klima früher geherrscht hat? Entdecke die Methoden der Klimaforscher!

Seite 28

Wusstest du, dass Kohle und Erdöl größtenteils die Überreste von Pflanzen sind, die vor vielen Millionen Jahren gelebt haben?

Seite 37

Erfahre, warum unser Planet immer wärmer wird und was wir Menschen damit zu tun haben.

36 Klimawandel

24 Geschichte des Erdklimas

Durch die höheren Temperaturen schmilzt immer mehr Eis. Dadurch steigt der Meeresspiegel und bedroht die Heimat vieler Inselbewohner.

Seite 39

Seite 33

Komm mit auf eine Reise zu den ersten Menschen! Wie hat das Klima unsere Entwicklung beeinflusst?

48 Glossar

Hier findest du die wichtigsten Begriffe kurz erklärt.

Der Turm im Regenwald

Mitten im Amazonasbecken liegt die brasilianische Millionenstadt Manaus. Hier lebt Dr. Eliane Gomes-Alves mehrere Monate im Jahr. Die junge Biologin hat ihre Doktorarbeit über die Bäume des Amazonas geschrieben und forscht nun daran weiter. Sie weiß, dass der Regenwald sowohl für das Klima der Region als auch für andere Orte der Welt eine wichtige Rolle spielt. Die grüne Lunge reinigt die Atmosphäre, treibt den Wasserkreislauf an und speichert Kohlendioxid. Eliane und ihre Kollegen aus Deutschland und Brasilien wollen mit dem großen Gemeinschaftsprojekt herausfinden, welchen Einfluss der Regenwald auf das Klima hat. Dazu brechen sie wieder einmal von Manaus zu einem ganz besonderen Ort auf: 150 Kilometer entfernt steht ATTO, ein 325 Meter hoher Stahlturm mitten im Dschungel.

Beschwerliche Reise

Sechs Stunden werden Eliane und ihre Kollegen unterwegs sein. Zunächst mit dem Auto; dann werden Gepäck, wissenschaftliche Instrumente und Verpflegung auf ein Schnellboot umgeladen. Die Flüsse sind die natürlichen Straßen durch den tropischen Urwald. Von allen Seiten dringen die Schreie von Papageien und Affen durch das dichte Grün. Der Geruch des Dschungels hängt wie ein schweres Parfüm zwischen den Bäumen. »Jetzt tief einatmen«, sagt Eliane. »Was da duftet, sind alles VOCs, flüchtige organische Verbindungen, die Bäume und Büsche ausdünsten.« Genau diese Substanzen sind Elianes Fachgebiet. Mit den VOCs kommunizieren Pflanzen. Mal locken sie Insekten an, dann wieder wehren sie Parasiten ab oder warnen andere Pflanzen, wenn Schädlinge im Anmarsch sind.

Wolkenmacher

Diese Stoffe sind wesentlich an der Wolkenbildung über dem Regenwald beteiligt. Sie sorgen dafür, dass aus der mit Wasserdampf beladenen Luft Tröpfchen werden können. Zwei Stunden benötigt das Boot bis zur Anlegestelle. Erneut wird umgeladen. Mit dem Pick-up geht es noch einmal zehn Kilometer auf einem schmalen, schlammigen Weg weiter. Ein Aguti huscht über den Weg. Der Nager ist das einzige Tier, das mit seinen scharfen Zähnen die Schale der faustgroßen Paranuss knacken kann. Der Paranussbaum ist ein Urwaldriese und überragt mit bis zu 50 Metern die meisten anderen Bäume. Welche Rolle spielen die Bäume für das Wetter? Welche Stoffe tauschen sie mit der Atmosphäre aus? Was bedeutet dies für die Region, was für das weltweite Klima? Das sind genau die Fragen, die Eliane interessieren.

Name:
Dr. Eliane Gomes-Alves
Beruf: Biologin
Herkunft: Brasilien

Damit der hohe, schlanke Turm nicht umfällt, ist er mit Stahlseilen gesichert. Zu Fuß geht es nach oben.

Angeberwissen

- Flüchtige organische Verbindungen reagieren mit Luftbestandteilen und bilden kleine Teilchen, die als Keimzellen für Regenwolken dienen.
- Pflanzen geben laufend flüchtige Substanzen ab. Damit verteidigen sie sich oder kommunizieren mit anderen Pflanzen oder der Tierwelt.
- ATTO ist die Abkürzung für Amazon Tall Tower Observatory und bedeutet wörtlich übersetzt »Amazonas Hoher Turm Observatorium«.

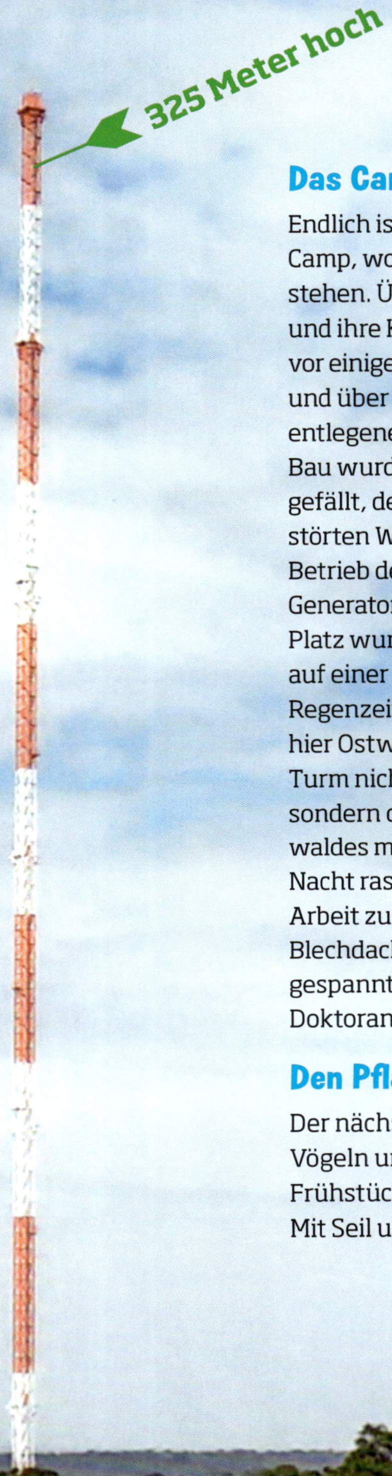

Eliane »lauscht« der Duftsprache der Pflanzen. Die speziellen Geräte messen die VOCs, die flüchtigen organischen Verbindungen.

Das Camp

Endlich ist die Mannschaft angekommen im Camp, wo ATTO und zwei kleinere Türme stehen. Über den gleichen Weg, den Eliane und ihre Kollegen gekommen sind, mussten vor einigen Jahren Werkzeuge, Baumaschinen und über 100 Tonnen Stahl an diesen entlegenen Ort transportiert werden. Beim Bau wurden so wenige Bäume wie möglich gefällt, denn die Forscher wollen den ungestörten Wald untersuchen. Der Strom für den Betrieb der Messgeräte wird von einem Generator an der Anlegestelle erzeugt. Der Platz wurde sorgsam gewählt: ATTO steht auf einer Anhöhe, sodass das Camp in der Regenzeit nicht überflutet wird. Zudem sorgt hier Ostwind dafür, dass die Messgeräte am Turm nicht die Abgase der Großstadt Manaus, sondern die Luft des naturbelassenen Regenwaldes messen. Nahe dem Äquator bricht die Nacht rasch heran; dann ist kaum noch an Arbeit zu denken. Gegessen wird unter einem Blechdach. Dort sind auch die Hängematten gespannt, in denen Techniker, Studenten, Doktoranden und Wissenschaftler schlafen.

Den Pflanzen zuhören

Der nächste Tag beginnt mit kreischenden Vögeln und brüllenden Affen. Nach dem Frühstück steigt Eliane auf den großen Turm. Mit Seil und Karabiner gesichert, geht es eine Dreiviertelstunde die steile Eisentreppe hoch. Von der obersten Plattform hat Eliane den besten Ausblick und wählt geeignete Orte für ihre Messungen aus. Ihre Kollegen messen am Turm zum Beispiel den Austausch von Kohlendioxid zwischen Atmosphäre und Regenwald. Von ihnen bekommt sie die Wetterdaten für ihre wissenschaftliche Arbeit. Elianes Arbeitsplatz ist am Boden oder in den Baumkronen auf einer der Plattformen, die extra für sie errichtet wurden. Hier wurde sie schon einmal von einer Gruppe Affen beschimpft: »Eine Affenmutter hatte wohl Angst um ihr Baby. Die Aufregung der Tiere ist verständlich.« Eliane möchte herausfinden, wie Pflanzen auf Stress reagieren, etwa auf trockenere oder wärmere Jahre. Sie sorgt sich um den Regenwald, der durch Abholzung und Brandrodung bedroht ist: »Der Regenwald spielt eine wichtige Rolle im Klimageschehen der Erde. Wir sollten alles tun, um ihn zu erhalten.«

Wie wirkt sich der Wald auf das Klima aus, wie das Klima auf den Wald? Die Langzeitmessungen beim Turm ATTO sollen Antworten geben.

Wetter und Klima

Alle reden über das Wetter. Sonnenschein freut uns, Regenwetter mögen wir nicht so gerne. So geht es wohl vielen Menschen. Landwirte sehnen sich nach Wochen voll Sonnenschein und Trockenheit nach Regen für Wiesen und Felder. Das Wetter entscheidet, wie die Ernte ausfällt. Ein schlechter Sommer kann zu starken Einbußen führen und sogar die Nahrungsmittelversorgung ganzer Länder gefährden. Besonders große Sorgen bereitet vielerorts der Klimawandel. Um zu verstehen, was das Klima und der Klimawandel mit unserem Leben zu tun haben, müssen wir zunächst einmal wissen, was die Begriffe Wetter und Klima bedeuten.

Was ist Wetter ...

Wetter hängt mit Niederschlägen, Wind und Lufttemperatur zusammen. Niederschläge können Regen, Schnee oder Hagel sein. Mal ist es trocken und heiß, dann wieder nass und kalt. Es gibt Tage, da weht nicht das kleinste Lüftchen, dann wieder entwurzeln Stürme reihenweise Bäume. Das Wetter kann sich von einem auf den anderen Tag ändern. Das launische Aprilwetter wechselt mitunter sogar in Minutenschnelle. Gerade noch war Sonnenschein und schon steckt man mitten im Schneegestöber.
Wetter ist das, was man sieht, wenn man aus dem Fenster sieht, und was man spürt, wenn man vor die Tür tritt.
Wetter ist das kurzfristige Geschehen in der Atmosphäre unseres Planeten.

... und was ist Klima?

Das Klima hingegen gibt Auskunft darüber, welche Art von Wetter normalerweise an einem Ort oder in einem Gebiet herrscht.
Es bezeichnet das durchschnittliche Wetter über einen längeren Zeitraum hinweg.
Üblicherweise betrachtet man dafür das Wetter mindestens 30 Jahre lang. Während wir das Wetter unmittelbar spüren, fehlen uns für das Klima die Sinne. Und unsere Erinnerung ist alles andere als zuverlässig: Denken wir zurück, so scheinen die Sommer aus lauter Tagen am Badesee bestanden zu haben und im Winter lag der Schnee meterhoch. Vergessen sind verregnete Sommertage und Winter, in denen kaum Schnee lag.
Das Klima ist beständiger als das Wetter und ändert sich normalerweise nicht allzu schnell. Außerdem gibt es auf der Welt verschiedene Klimazonen, in denen jeweils weitgehend ähnliche Klimaverhältnisse herrschen.

Auch in der Antarktis gibt es Wetter: Mal scheint die Sonne und es ist kalt, dann wieder tobt ein Schneesturm und es ist noch kälter.

Schon gewusst?

Für zuverlässige Wetterdaten benötigt man viele Messstationen. In Deutschland werden diese Daten erst seit 1881 verlässlich aufgezeichnet. Wenn es also heißt, dies sei der heißeste August seit Beginn der Wetteraufzeichnungen, dann sind all jene Jahre seit 1881 gemeint.

Landwirte wollen im Hinblick auf die Ernte genau wissen, wie das Wetter wird. Was sie auf ihren Feldern anbauen, ist auch eine Frage des regionalen Klimas.

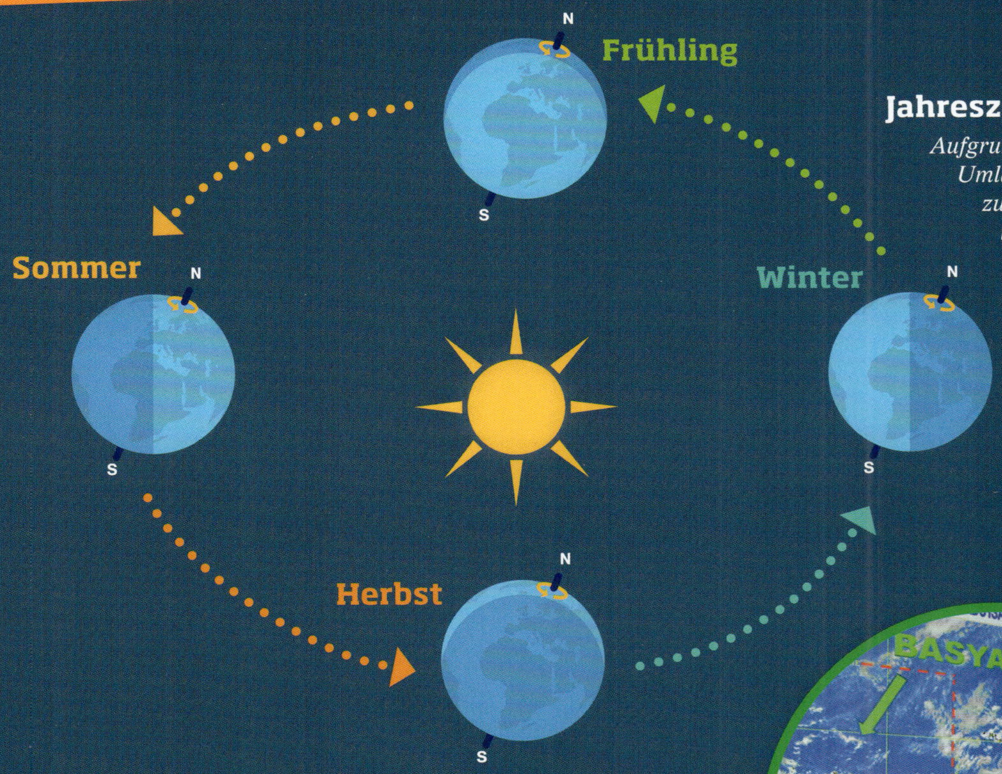

Jahreszeiten auf der Nordhalbkugel

Aufgrund der Neigung der Erdachse zeigen auf ihrer Umlaufbahn die Nord- und Südhalbkugel abwechselnd zur Sonne. Wenn die Sonne flacher einstrahlt, ist Winter. Wenn auf der Nordhalbkugel Winter herrscht, ist es auf der Südhalbkugel Sommer und umgekehrt.

Meteorologen erhalten die Daten für ihre Wettervorhersagen zum Beispiel von Wetterstationen **(1)**. *Dank Satellitenbildern können sie außerdem die Wolken beobachten* **(2)**.

Wetter- und Klimaexperten

Wie das Klima derzeit ist und welches Klima vor Jahrzehnten herrschte, das kann man nur mithilfe genauer Wetteraufzeichnungen herausfinden. Mit diesen befassen sich Meteorologen. Das sind Wissenschaftler, die sich mit dem Wetter beschäftigen. Während des Studiums der Meteorologie lernen sie, wie man aus Wetterdaten die Wetterentwicklung für die nächsten Tage vorhersagen kann. Klimaforscher, auch Klimatologen genannt, interessiert das aktuelle Wetter oder das Wetter der nächsten Tage eher weniger. Allerdings verwenden sie Wetterdaten, um Berechnungen für Klimamodelle anzustellen. Außerdem greifen sie auf natürliche Klimaarchive zurück, etwa um den natürlich bedingten Klimawandel der Vergangenheit zu erforschen. So versuchen sie, das Klimageschehen unseres Planeten zu verstehen und Antworten auf wichtige Fragen zu finden: Welche Faktoren beeinflussen das Klima und welche Prozesse stabilisieren es? Wie wird sich das Klima voraussichtlich in der Zukunft entwickeln? Welchen Einfluss haben der Mensch und sein Handeln auf das Klima?

Jahreszeiten

Wetter und Klima einer Region hängen neben anderen Faktoren vom Breitengrad und der Sonnenenergie ab, die Kontinente und Meere erreichen. Am Äquator strahlt die Sonne nahezu senkrecht ein und die Sonnenstrahlung ist auf eine kleine Fläche konzentriert – daher ist es dort besonders warm. An den Polen hingegen fällt das Sonnenlicht schräg ein und die Strahlung verteilt sich über eine größere Fläche: Hier ist es deutlich kälter. Durch die Schräge unserer Erdachse gegenüber der Umlaufbahn um die Sonne schwankt die empfangene Sonnenstrahlung. Auf diese Weise entstehen die Jahreszeiten, wie wir sie in den mittleren Breiten gewohnt sind.

Wetter: Momentaufnahme der Vorgänge in der Wetterschicht der Atmosphäre.

Witterung: Vorherrschendes Wetter über einen bestimmten Zeitraum, zum Beispiel über Wochen. Man spricht dann von einer trockenen, nasskalten oder wechselnden Witterung.

Klima: Durchschnittliche Wetterverhältnisse über einen Zeitraum von mindestens 30 Jahren.

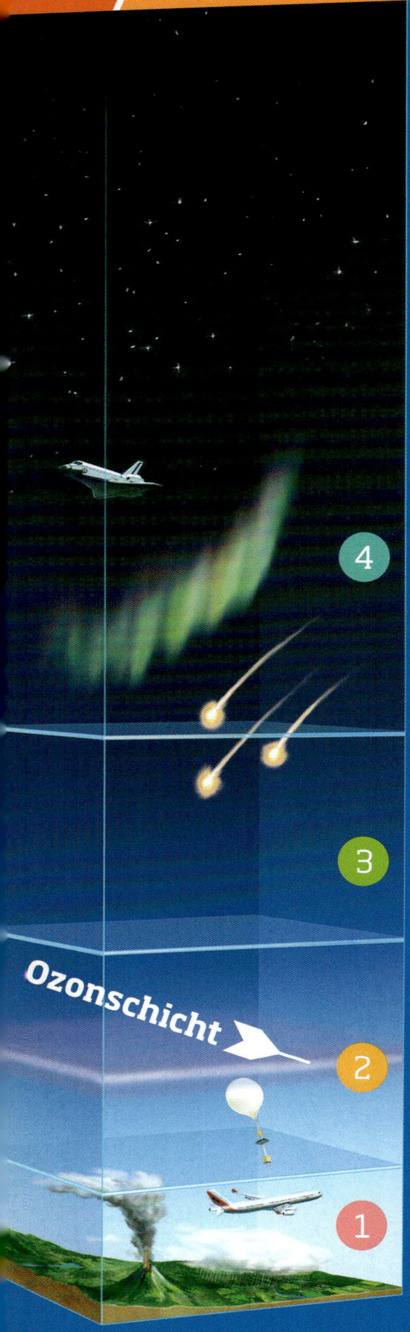

1. Troposphäre
bis etwa 15 km
2. Stratosphäre
bis etwa 50 km
3. Mesosphäre
bis etwa 80 km
4. Thermosphäre
bis etwa 500 km

An den Polen verteilt sich die Sonnenstrahlung auf eine größere Fläche **(1)**. *Zudem muss sie eine längere Strecke in der Atmosphäre zurücklegen. Am Äquator erreichen die Strahlen den Boden gebündelter* **(2)**.

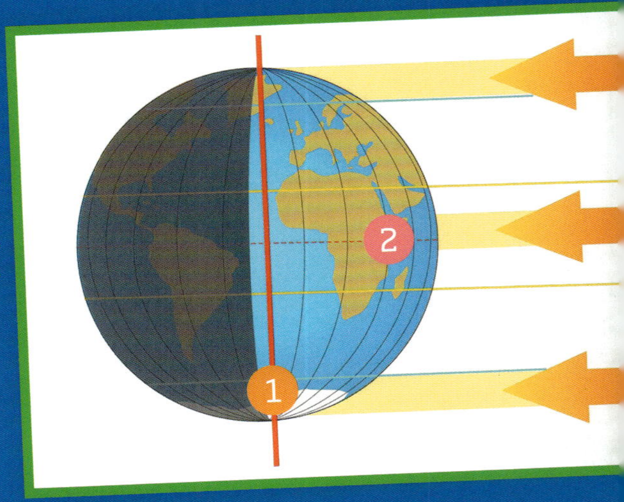

Die Erdatmosphäre

Die Erde umkreist die Sonne in etwa 150 Millionen Kilometer Entfernung. Unser Planet erhält von der Sonne gerade genug Energie, damit auf ihm neben festem Eis und Wasserdampf auch Wasser in flüssiger Form existieren kann. Diesen Umstand verdanken wir der chemischen Zusammensetzung der Atmosphäre. Diese trug wesentlich dazu bei, dass auf der Erde überhaupt erst Leben entstehen konnte.

Luftmeer

Tatsächlich leben wir am Boden eines Luftmeeres. Die Erdatmosphäre erstreckt sich in bis zu etwa 100 Kilometer Höhe. Diese Höhenangabe ist eine eher willkürlich gezogene Grenze zum Weltall; tatsächlich verläuft der Übergang zwischen Atmosphäre und Weltraum fließend. Die Atmosphäre wird mit zunehmender Höhe immer dünner und ist selbst in 400 Kilometern Höhe noch spürbar. So verliert die Internationale Raumstation auf ihrer erdnahen Umlaufbahn durch Reibung mit der Atmosphäre ständig an Höhe und muss regelmäßig wieder angehoben werden.

Wetterschicht

Besonders wichtig für das Leben auf der Erde ist die Troposphäre, die unterste und dichteste Schicht der Atmosphäre. In ihr spielt sich das Wettergeschehen ab: Wind, Sturm, Gewitter, Regen und Schnee. Die Troposphäre nennt man deshalb auch Wetterschicht. Sie erstreckt sich je nach geografischer Breite in Höhen zwischen 8 und etwa 15 Kilometern. Am Äquator ist sie mächtiger als an den Polen.

Mächtig was los

Die Troposphäre steht nie still und ist ständig in Bewegung. Die Sonnenstrahlung erwärmt die Luftmassen; und weil warme Luft leichter als kalte ist, steigt sie nach oben. Besonders stark ist die Erwärmung am Äquator, wo die Sonnenstrahlung sehr intensiv ist. Die warme Luft steigt auf, kühlt in der Höhe ab und sinkt an anderer Stelle zu beiden Seiten des Äquators wieder ab. So bilden sich Zirkulationszellen aus Windströmungen, die sich als Bänder um den ganzen Globus legen. Die Sonnenstrahlung lässt Wasser verdunsten, das als Regen, Schnee oder Hagel in anderen Regionen der Erde niedergeht. Niederschläge sind ein wesentlicher Teil des Wetters.

Bewegte Luft

Die intensive Sonneneinstrahlung am Äquator erzeugt warme, aufsteigende Luftmassen, die in Richtung der Pole strömen. So gelangt Wärme auch in kältere Regionen. Insgesamt bilden sich mehrere Zirkulationszellen. Diese führen zusammen mit der Erddrehung zu mehreren größeren Windsystemen.

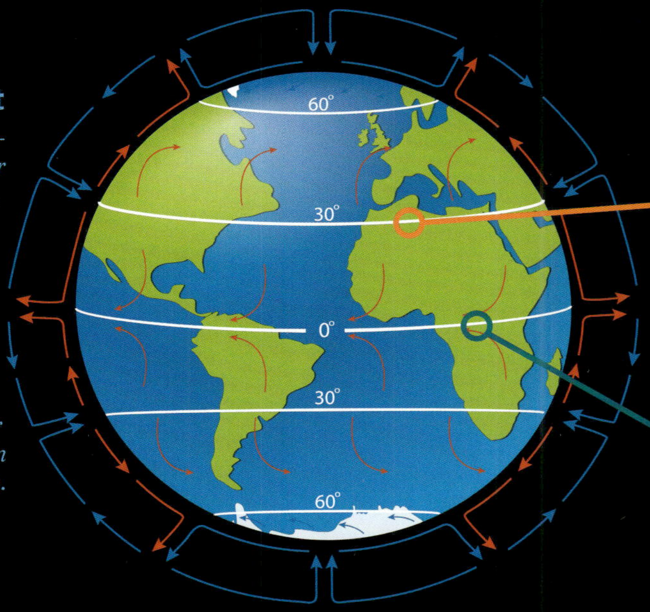

Auf 30 Grad nördlicher Breite sinkt die trockene Luft ab. In dieser trockenen Zone befinden sich Wüsten wie die Sahara.

Die aufsteigende Luft am Äquator regnet in heftigen Regenfällen in den Tropen ab.

Klimamacher

Insgesamt sorgt die Atmosphäre für eine gleichmäßigere Verteilung der Sonnenenergie, die je nach Breitengrad unterschiedlich einstrahlt. Auch verhindert die Atmosphäre, dass die Nachtseite der Erde zu stark auskühlt. Ohne Atmosphäre würden auf unserem Planeten drastische Temperaturunterschiede herrschen. Das Erdklima ist allerdings ein Zusammenspiel aus vielen verschiedenen Faktoren. Diese bestimmen darüber, wie viel Sonnenenergie zur Erde gelangt und so Wetter und Klima beeinflussen. Die wichtigsten Klimafaktoren sind die chemische Zusammensetzung der Atmosphäre, die Wolkendecke über der Erde und die Verteilung von Land, Wasser und Eis.

Woraus besteht unsere Atmosphäre?

Die Atmosphäre besteht hauptsächlich aus gasförmigen Stoffen. Außerdem enthält sie geringere Anteile an festen und flüssigen Bestandteilen wie Wassertröpfchen und Staubpartikel. Der gasförmige Anteil besteht vor allem aus Stickstoff und Sauerstoff. Das dritthäufigste Gas ist Argon; sein Volumenanteil beträgt nur rund ein Prozent. Alle weiteren gasförmigen Bestandteile kommen nur in Spuren vor. Doch gerade darunter sind klimabestimmende Treibhausgase wie Wasserdampf, Kohlendioxid, Methan und Lachgas.

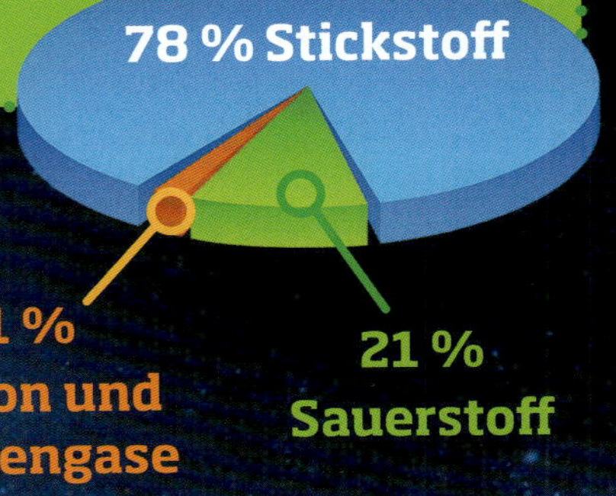

Die Atmosphäre der Erde ist zugleich ihre Schutzhülle gegen Meteoriten und gefährliche kosmische Strahlung.

Das Klima unserer Erde lässt sich in fünf Zonen einteilen. Sie unterscheiden sich teils sehr stark in der Temperatur und Niederschlagsmenge.

Klimazonen

Die Sonne versorgt die verschiedenen Regionen der Erde je nach Breitengrad mit unterschiedlich viel Energie. Rund um den Äquator strahlt die Sonne nahezu senkrecht ein; hier erreicht besonders viel Sonnenstrahlung den Erdboden und die Wasseroberfläche. In den Polarregionen fallen die Sonnenstrahlen dagegen flacher ein und verteilen sich so über eine größere Fläche. Zusätzlich muss die Sonnenstrahlung an den Polen einen längeren Weg durch die Atmosphäre zurücklegen, was einen weiteren Energieverlust bedeutet. Folglich ist es an den Polen kälter als am Äquator.
Durch die unterschiedliche Stärke der Sonnenstrahlung in Abhängigkeit vom Breitengrad erstrecken sich rund um den Globus sogenannte Klimazonen.

Polare Zone

Die polare Klimazone erstreckt sich zwischen den Polarkreisen und den beiden Polen. Nur im Sommer steigt die Temperatur manchmal über den Gefrierpunkt. Weite Flächen sind mit Schnee und Eis bedeckt.

Subpolare Zone

Zwischen den gemäßigten Breiten und den Polarregionen befindet sich die subpolare Klimazone. Hier gibt es höchstens Nadelbäume; weiter im Norden erstreckt sich die baumlose Taiga.

Land, Gebirge und Meer

Außer dem Breitengrad entscheidet auch die Höhe über dem Meeresspiegel, welches Klima an einem Ort herrscht. Je höher eine Region liegt, umso kälter ist es dort. Typischerweise nimmt die jährliche Durchschnittstemperatur pro 1 000 Höhenmeter um etwa sechs Grad Celsius ab. Selbst in Äquatornähe kann es in großer Höhe also ziemlich kalt sein. So liegen auf dem Berggipfel des 5 895 Meter hohen Kilimandscharo in Ostafrika Eis und Schnee. Um dorthin zu gelangen, durchwandert man vom tropischen Klima am Fuß des Berges bis zum polaren Klima an der Spitze alle Klimazonen. Weiter entscheidet die Entfernung zum Meer über das Klima einer Gegend. Da Wasser viel Wärme speichert, werden küstennahe Landstriche im Sommer vom Meer gekühlt und im Winter erwärmt. Dem milden Seeklima steht das kontinentale Klima gegenüber. Dieses zeichnet sich durch extreme Temperaturunterschiede zwischen Sommer und Winter und sogar zwischen Tag und Nacht aus. Hochebenen, die dazu noch weit vom Meer entfernt liegen, sind besonders trocken und im Winter sehr kalt, so wie zum Beispiel die schier endlosen Steppen der Mongolei.

Gebirge im Weg

Gebirge sind Klimamacher und können lebenswichtige Niederschläge von ganzen Regionen abhalten. Treffen feuchte Luftströmungen auf hohe Gebirgszüge, bilden sich an den Hängen Wolken, die dort abregnen. Die windabgewandte Seite der Gebirge erreichen dann nur noch trockene Luftmassen, die sich beim Absinken zudem erwärmen. Im Gebirgsschatten ist es somit wärmer und trockener

Je höher man in ein Gebirge vordringt, umso kälter und windiger wird es. Oberhalb der Baumgrenze wachsen nur noch sehr niedrige Pflanzen. In besonders hohen Gipfelregionen liegt oft das ganze Jahr über Eis und Schnee auf dem nackten Fels.

Tropen

In den Tropen ist es meist gleichbleibend warm. Jahreszeiten gibt es nicht, dafür Regen- und Trockenzeiten. Je nach Niederschlag gibt es hier tropische Regenwälder oder Savannen.

Subtropen

Im Sommer ist es heiß, im Winter mäßig warm. Neben Savannen befinden sich hier die großen Wüsten der Erde. Zu den Subtropen zählt auch der Mittelmeerraum.

Gemäßigte Zone

Die gemäßigte Zone liegt etwa zwischen dem 40. Breitengrad und dem Polarkreis. Hier gibt es Jahreszeiten und die Niederschläge verteilen sich über das ganze Jahr. Neben Nadelwäldern ist diese Zone auch von Laub- und Mischwäldern geprägt.

als auf der windzugewandten Seite. Dieser Fall tritt etwa bei den südamerikanischen Anden in der Atacama-Wüste ein – sie gilt als eine der trockensten Wüsten der Welt.

Das große Zusammenspiel

Größtenteils bestimmt der Breitengrad, welches Klima an einem bestimmten Ort herrscht. Das Klima hängt aber noch von einer Reihe weiterer Faktoren ab. Dadurch ziehen sich die Klimazonen nicht in gleichmäßigen Bändern um die Erde. Sie stoßen stattdessen mal mehr nach Süden, dann wieder mehr nach Norden vor. Manchmal finden sich sogar innerhalb der Zonen besonders trockene Stellen. Das kommt ganz auf die Nähe zu Ozeanen oder großen Gebirgen sowie Luft- und Meeresströmungen an.

Mikroklima

Herrscht an einem bestimmten Ort ein anderes Klima als in der Umgebung, so spricht man von Mikroklima. In dicht bebauten Großstädten ist es oft um einige Grad wärmer als auf dem umgebenden Land. Der Grund dafür sind Beton und Asphalt: Gebäude und Straßen speichern die Sonnenwärme besser als Wiesen und Wälder.

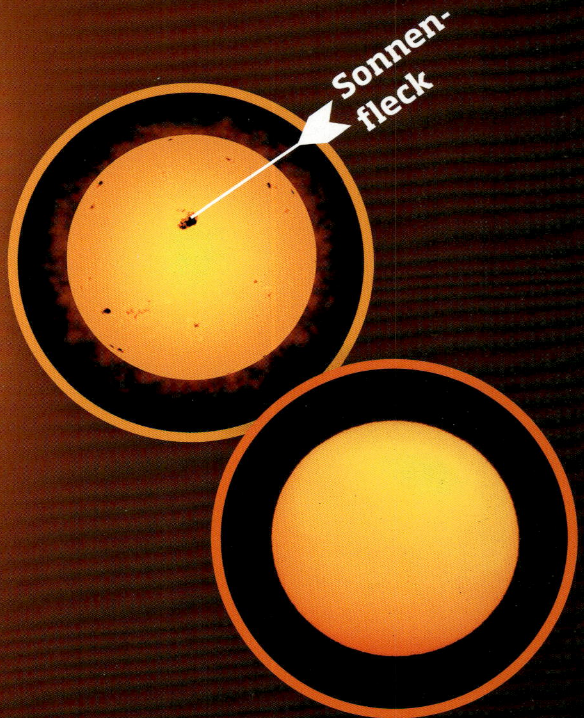

Sonnenflecken

Wenn die Sonne besonders aktiv ist, zeigen sich auf ihrer Oberfläche vermehrt dunkle Sonnenflecken. Ist sie weniger aktiv, sind nur wenige oder gar keine dieser etwas kühleren Flecken zu sehen.

Klimamotor Sonne

Dank der Sonne und ihrer Strahlung haben wir es angenehm warm auf unserem Planeten. Allerdings ist die Sonne nicht der einzige Energielieferant: Ein kleinerer Teil stammt aus dem glühend heißen Erdinneren und aus der Gezeitenwirkung des Mondes. Die Energie aus Erdwärme und Gezeitenwirkung beträgt aber nur einen winzigen Bruchteil der Solarstrahlung. Die Sonne ist der Hauptenergielieferant und somit der Wetter- und Klimamotor unserer Erde.

Fusionskraftwerk Sonne

Dass die Sonne so hell strahlt, verdankt sie der Kernfusion, die in ihrem Zentrum stattfindet. Dort herrschen Temperaturen von 15 Millionen Grad und ein enorm hoher Druck. Unter diesen extremen Bedingungen verschmelzen pro Sekunde unglaublich viele Kerne von Wasserstoffatomen und werden so zu größeren Heliumkernen. Bei der Verschmelzung wird jede Sekunde unvorstellbar viel Energie freigesetzt – vergleichbar mit der Explosion von 100 Milliarden Tonnen Dynamit! Diese Energie wird von der Sonnenoberfläche gleichmäßig in alle Richtungen ins All abgestrahlt. Ein Teil davon erreicht auch die Erde, unter anderem in Form von sichtbarem Licht, Wärmestrahlung und UV-Strahlung.

Wettermaschine Sonne

Die Sonnenstrahlung erwärmt Erdboden, Ozeane und Atmosphäre. Indem sie Wasser verdunsten lässt, treibt sie den Wasserkreislauf an und sorgt außerdem für Luft- und Meeresströmungen. Sonnenenergie wird in warmen, feuchten Luftmassen gespeichert und entlädt sich in Form von Wind und Niederschlägen. Dabei werden teilweise gewaltige Energien freigesetzt, etwa bei zerstörerischen Wirbelstürmen. Die Sonne treibt damit das Wettergeschehen an und bestimmt auf längere Sicht das weltweite und regionale Klima.

Ist die Sonne besonders aktiv, sind die beeindruckenden Polarlichter auch in niederen Breitengraden zu sehen.

Während es auf der Sonne ganz schön heiß hergeht, nehmen wir auf der weit entfernten Erde hauptsächlich sichtbares Licht und wärmende Infrarotstrahlung wahr.

Explosive Sonne

Wir dürfen uns glücklich schätzen, dass die Sonne rund 150 Millionen Kilometer von der Erde entfernt ist, denn auf ihrer knapp 6 000 Grad Celsius heißen Oberfläche geht es höllisch zu: Das heiße Plasma brodelt und gewaltige Plasmamassen werden ins All geschleudert. Außerdem bläst die Sonne energiereiche Teilchen in das Weltall, manchmal explosionsartig. Wenn diese Sonnenstürme auf die Erde gerichtet sind, kann die Elektronik von Satelliten gestört werden und die Astronauten auf der Internationalen Raumstation ISS müssen auf Außeneinsätze verzichten.

Fleckige Sonne

Neben diesen kurzfristigen Explosionen ist die Strahlungsleistung der Sonne auch längerfristigen Schwankungen unterworfen. Das können Wissenschaftler gut an der Anzahl der Sonnenflecken auf der Sonnenoberfläche festmachen. Die schwarzen Sonnenflecken sind etwa 1 000 Grad kälter als die restliche Sonnenoberfläche. Zeigen sich viele dieser Flecken, ist die Sonne besonders aktiv und strahlt somit mehr Energie ins All ab.

Einfluss auf die Erderwärmung

Die Zahl der Sonnenflecken und die Gesamtstrahlung der Sonne ändern sich im Rhythmus von etwa elf Jahren. Doch diese Schwankungen betragen nur rund 0,1 Prozent – das ist ein Tausendstel der durchschnittlichen Strahlung. Je nach Strahlungsart kann die Schwankung aber deutlich stärker ausfallen. So kann der Unterschied in der UV-Strahlung über zehn Prozent betragen. Dieser solare Zyklus wirkt sich ebenfalls auf das Klima der Erde aus. Aber die Sonnenaktivität ist nur einer von mehreren Klimafaktoren und nicht die Hauptursache der derzeitigen Erderwärmung.

Die Sonne und der Wasserkreislauf

Die Sonne treibt jenen Kreislauf an, von dem das meiste Leben auf der Erde abhängt: den Wasserkreislauf. Das Wasser der Ozeane wird von der Sonnenstrahlung erwärmt (1). Gasförmiger Wasserdampf steigt auf und kondensiert zu winzigen Tröpfchen – es bilden sich Wolken (2). Diese ziehen weiter und regnen an anderer Stelle ab (3). Das Regenwasser dringt in den Boden ein, entspringt als Quelle oder sammelt sich in Flüssen sowie Seen (4) und fließt nach einiger Zeit zurück ins Meer. Der Wasserkreislauf wird so geschlossen. Er verteilt die Sonnenenergie und sorgt dafür, dass das Wasser und die Luft gereinigt werden. Die Sonne verbindet durch die Kondensation und den anschließenden Niederschlag somit auch küstenferne Orte mit den Ozeanen, den größten Wasserspeichern der Erde.

Natürlicher Treibhauseffekt

Die Erdatmosphäre besteht neben den Hauptbestandteilen Stickstoff und Sauerstoff aus Spurengasen, darunter die Treibhausgase. Ohne Treibhausgase würde eine mittlere Temperatur von minus 18 Grad Celsius anstelle der plus 15 Grad Celsius auf der Erde herrschen. Treibhausgase sind Wasserdampf, Kohlendioxid, Ozon, Lachgas und Methan. Treibhausgase machen zwar nur etwa 0,04 Prozent der Erdatmosphäre aus, sind jedoch entscheidend für die Energiebilanz der Erde und für das weltweite Klima.

Sonnenheizung

Der größte Teil der Energie zur Erwärmung der Erde kommt von der Sonne. Über das sichtbare Licht gelangt am meisten Energie zur Erde. Ein Teil wird von der Atmosphäre ins All reflektiert, der Rest gelangt zur Erdoberfläche und wird dort absorbiert. Die erwärmte Oberfläche strahlt nun Infrarotlicht ab. Infrarotlicht, auch IR-Licht genannt, ist Wärmestrahlung, die wir nicht sehen, aber auf unserer Haut spüren. Ohne Treibhausgase würde der größte Teil der Wärmestrahlung durch die Atmosphäre ins All entweichen und wäre für die Erde verloren.

Schon gewusst?

Etwa 33 Grad kälter wäre es auf unserer Erde, wenn unsere Erdatmosphäre keine Treibhausgase enthalten würde.

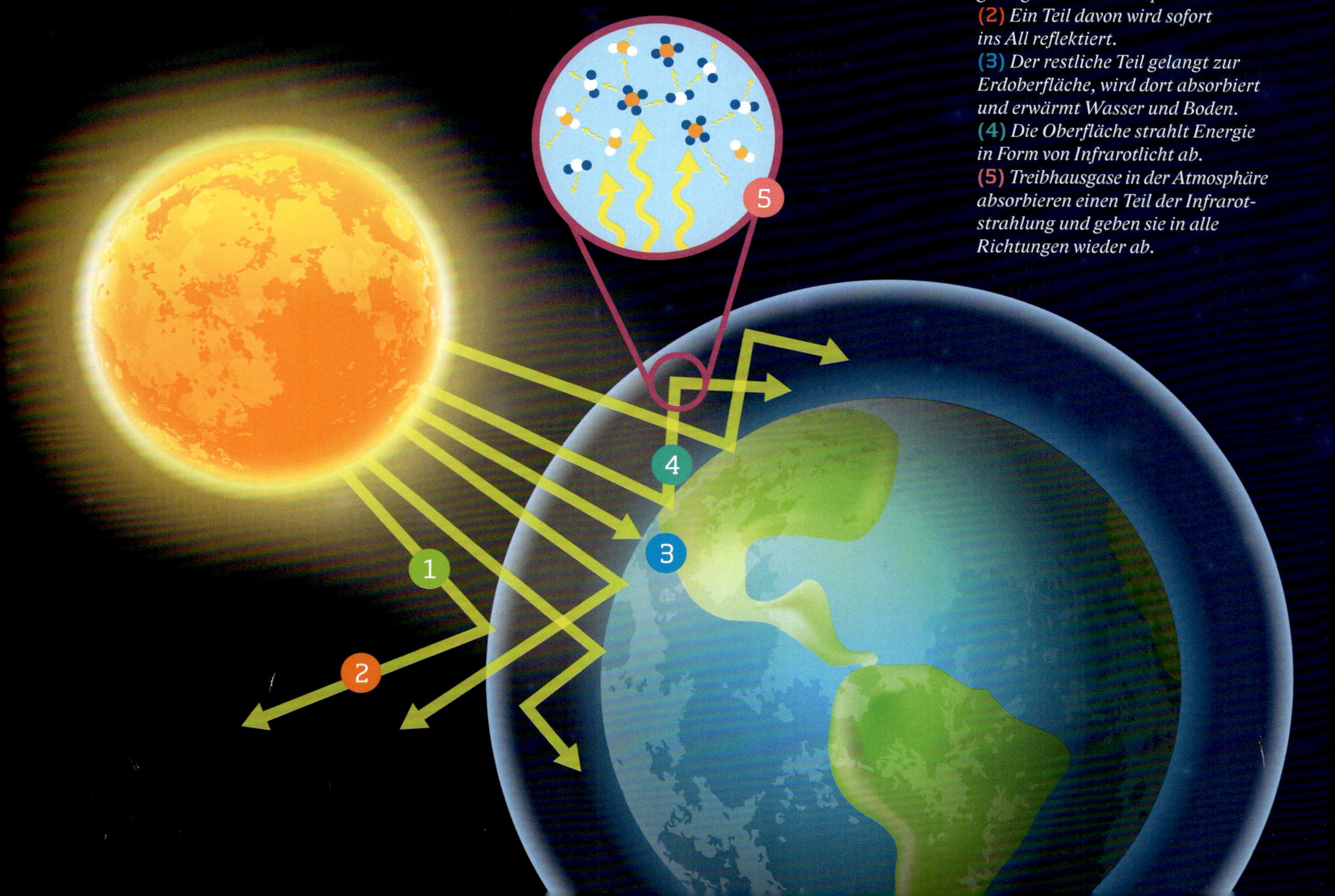

(1) Sichtbares Sonnenlicht gelangt zur Erdatmosphäre.
(2) Ein Teil davon wird sofort ins All reflektiert.
(3) Der restliche Teil gelangt zur Erdoberfläche, wird dort absorbiert und erwärmt Wasser und Boden.
(4) Die Oberfläche strahlt Energie in Form von Infrarotlicht ab.
(5) Treibhausgase in der Atmosphäre absorbieren einen Teil der Infrarotstrahlung und geben sie in alle Richtungen wieder ab.

Kleine Gase – große Wirkung

Doch die in der Atmosphäre in Spuren enthaltenen Treibhausgasmoleküle – Wasserdampf, Kohlendioxid, Methan und Lachgas – absorbieren die IR-Strahlung und geben sie sogleich wieder in alle Richtungen ab, auch in Richtung Erdoberfläche. Dieser Vorgang spielt sich unzählige Male in der Atmosphäre ab. Treibhausgase bremsen die Abstrahlung von IR-Licht ins All und halten die Wärme in der unteren Atmosphärenschicht zurück. So kühlt diese nicht aus.

Schwesterplanet Venus

Die Venus ähnelt in der chemischen Zusammensetzung der Kruste und auch in der Größe der Erde und gilt daher als ihr Schwesterplanet. Doch ist die Venus sehr viel näher an der Sonne und in eine dichte Atmosphäre sowie Wolken gehüllt. An ihrer Oberfläche herrscht ein enormer Druck und eine Durchschnittstemperatur von etwa 464 Grad Celsius. Würde man die Erde näher zur Sonne auf die Venusbahn versetzen, dann würde die durchschnittliche Temperatur zunächst um etwa 30 Grad steigen und deutlich mehr Wasser verdunsten. Weil Wasserdampf ein Treibhausgas ist, würde das die Erwärmung weiter antreiben, was wiederum mehr Wasser verdunsten ließe. Dieser Prozess lässt die Temperaturen immer weiter steigen, bis alles flüssige Wasser verschwunden wäre. Es gäbe nun keinen funktionierenden Wasserkreislauf und damit auch keinen Kohlenstoffkreislauf mehr. Kohlendioxid würde sich in der Atmosphäre anreichern. Man spricht in diesem Fall von einem galoppierenden Treibhauseffekt.

Kalte Sternennacht

Schon mal bemerkt? Unsichtbarer Wasserdampf und sichtbare Wolken verhindern den Wärmeverlust durch Abstrahlen von Infrarotlicht ins All. In sternenklaren Winternächten mit wenig Wasserdampf und Wolkenbedeckung geht viel Wärmeenergie ins All verloren. Diese Nächte sind besonders kalt. Wasserdampf zählt zu den Treibhausgasen.

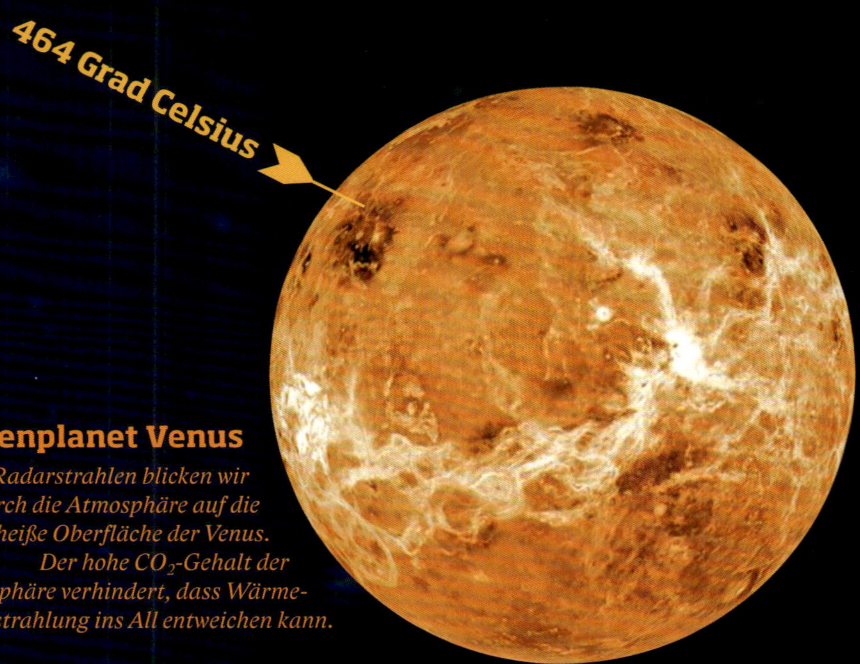

Höllenplanet Venus

Mit Radarstrahlen blicken wir durch die Atmosphäre auf die heiße Oberfläche der Venus. Der hohe CO_2-Gehalt der Atmosphäre verhindert, dass Wärmestrahlung ins All entweichen kann.

Der Name Treibhausgas kommt von den Treib- oder Gewächshäusern, die zum Beispiel Gärtner verwenden, um dort wärmeliebende Pflanzen zu züchten. In diesen Treibhäusern verhindern Glaswände und -dächer, dass warme Luft entweicht. Und obwohl der Treibhauseffekt in der Atmosphäre anders funktioniert, ist das Ergebnis in beiden Fällen doch das gleiche: Es wird wärmer. Der Begriff »Treibhausgas« hat sich im Laufe der letzten Jahre eingebürgert und jeder weiß, was damit gemeint ist.

Der Kohlenstoffkreislauf

Das Wasser auf der Erde zirkuliert in einem ständigen Kreislauf und bestimmt Wetter und Klima: Wasser verdunstet und der Wasserdampf kondensiert zu Wolken, aus denen es regnet. So werden Bäche, Flüsse sowie Ströme gespeist, die in die Meere fließen – und alles beginnt wieder von vorne. Wasser ist aber auch Teil des weltweiten Kohlenstoffkreislaufs, der dafür sorgt, dass das Klima weitgehend stabil bleibt.

Verwitterung

Gasförmiges Kohlendioxid, das zum Beispiel über vulkanische Aktivitäten in die Atmosphäre gelangt ist, löst sich in den Regentropfen und bildet Kohlensäure. Die Kohlensäure löst Gesteine im Boden und die Felsen der Gebirge auf. Die dabei entstehenden kohlenstoffhaltigen Teilchen gelangen über Bäche und Flüsse ins Meer. Einen Teil davon bauen kleinste einzellige Lebewesen in ihre Kalkgehäuse ein. Nach deren Tod sinken die Gehäuse zum Meeresboden und bilden kilometerdicke Sedimentschichten. Der darin enthaltene Kohlenstoff ist der Atmosphäre nun für längere Zeit entzogen und lagert im Meeresboden; das bezeichnet man auch als Kohlenstoff-Senke.

Vulkanismus

Die Erde ist ein aktiver Vulkanplanet: Im Erdmantel steigen ständig zähflüssige, heiße Magmamassen auf und schieben die darauf schwimmenden Platten der Erdkruste an. An manchen Stellen tritt auf diese Weise rot glühende Magma aus dem Erdmantel an die Oberfläche und bildet neuen Meeresboden. An anderen Stellen taucht der Meeresboden unter andere Platten der Erdkruste und in die Tiefe hinab. So dringen die kohlenstoffbeladenen Sedimentschichten in heiße Bereiche vor, wo sie aufgeschmolzen werden. Heiße vulkanische Gase, darunter auch Kohlendioxid, steigen daraufhin zusammen mit dem Magma nach oben und entladen ihren Druck in heftigen Vulkaneruptionen. Auf diesem Weg gelangt das Kohlendioxid wieder in die Atmosphäre und schließt den Kohlenstoffkreislauf.

Regelkreis des Kohlenstoffs

Ein erhöhter Gehalt des Treibhausgases Kohlendioxid in der Atmosphäre führt zu einem wärmeren Klima. Das wiederum lässt mehr Wasser verdunsten. Durch den vermehrten Regen verwittern die Gesteine stärker, sodass ein Zuviel an Kohlendioxid wieder aus der Atmosphäre entfernt wird. Letztlich wird also mehr Kohlenstoff in den Meeressedimenten gespeichert. So wird der Kohlenstoffgehalt der Atmosphäre und damit die Durchschnittstemperatur der Erde weitgehend konstant gehalten. Jedenfalls trifft dies für geologische Zeitabschnitte von Millionen von Jahren zu. Der Kohlenstoffkreislauf regelt zwar die weltweite Temperatur; allerdings kann er keine schnellen Klimaänderungen dämpfen. Dafür ist der Austausch von Kohlendioxid zwischen Erdkruste und Atmosphäre viel zu langsam.

Der Pinatubo brach 1991 auf der philippinischen Insel Luzon aus und schleuderte viel Asche und Schwefeldioxid über die Wetterschicht hinaus in die Stratosphäre. Es war der größte Vulkanausbruch des 20. Jahrhunderts.

Vulkane geben bei einem Ausbruch den in Meeressedimenten gespeicherten Kohlenstoff wieder an die Atmosphäre ab und schließen so den Kohlenstoffkreislauf.

Kohlenstoffkreislauf

Vulkane geben Kohlendioxid in die Atmosphäre ab. Im Regenwasser gelöstes Kohlendioxid lässt Gesteine verwittern. So gelangt Kohlenstoff in die Meere und wird als Sediment über Jahrmillionen abgelagert. Letztlich wird der Kohlenstoff durch Vulkanismus wieder freigesetzt.

Das Jahr ohne Sommer

Dramatische Folgen hatte der größte Vulkanausbruch der Erdneuzeit im April 1815. Der auf der indonesischen Insel Sumbawa gelegene Vulkan Tambora schleuderte so viel Material in die Atmosphäre, dass sich sogar das Wetter am anderen Ende der Welt verschlechterte.
Das auf den Ausbruch folgende Jahr 1816 wurde bald schon als Jahr ohne Sommer bezeichnet. In Nordamerika und einigen Ländern Europas gab es im Juni und Juli Frost und Schnee. In der Folge kam es zu Missernten, Hungersnöten und Wirtschaftskrisen.

Kohlensäurehaltiges Wasser löst den Kalkstein. So entstehen Hohlräume wie Karsthöhlen. Diese liegen meist unter der Erdoberfläche. Manchmal sind sie mit Wasser gefüllt und werden dann von Tauchern erforscht.

Vulkane verändern das Wetter

Vulkanismus kann kurzfristige Änderungen der Atmosphäre zur Folge haben, wie beispielsweise der Ausbruch des philippinischen Pinatubo 1991. Durch die ausgestoßenen Ascheteilchen und das Schwefeldioxidgas bildeten sich schwefelsäurehaltige Tröpfchen. Diese hielten sich mehr als zwei Jahre in der Stratosphäre und beeinflussten weltweit das Wetter. Die Schwebeteilchen reflektierten einen Teil der Sonnenstrahlung zurück ins All, was zu einer weltweiten Abkühlung für ein bis zwei Jahre um etwa ein halbes Grad führte. Mit den Niederschlägen wurde der Schwefel wieder aus der Atmosphäre gewaschen.
Die Eruptionen in den letzten Jahrtausenden hatten wie der Ausbruch des Pinatubo nur kurzfristige Wetteränderungen zur Folge – das Klima änderte sich dadurch nicht. Allerdings haben in der früheren Erdgeschichte sehr viel größere vulkanische Ereignisse stattgefunden, die zu längeren Abkühlungen und auch zu Klimaveränderungen geführt haben. Solche vulkanischen Winter könnten die Ursache für das eine oder andere Massenaussterben in der Erdgeschichte gewesen sein.

Was kühlt die Erde?

Einen entscheidenden Einfluss auf das Erdklima hat die Kryosphäre. Dazu zählt alles gefrorene Wasser unseres Planeten: Eisschilde, Gletscher, Meereis und Permafrostboden. Als Permafrostboden wird Boden bezeichnet, der über mindestens zwei Jahre hinweg Temperaturen unter dem Gefrierpunkt aufweist. Große Eisschilde und Eisbedeckungen finden sich auf Grönland und in den nordamerikanischen Gebieten der Arktis. Der weltweit größte Eispanzer bedeckt rund 98 Prozent der Fläche des Kontinents Antarktika. Hinzu kommen die großen Meereisflächen der Arktis und Antarktis.

Der Albedo-Faktor

Je heller eine Oberfläche ist, umso weniger Energie nimmt sie aus der Sonnenstrahlung auf und umso größer ist jener Teil, den sie zurück ins All reflektiert. Der Anteil des reflektierten sichtbaren Lichts in Prozent nennt man die Albedo einer Oberfläche. Eis und Schnee haben eine hohe Albedo, das heißt, sie reflektieren die Sonnenstrahlung besonders gut. Die Albedo von eis- und schneebedeckten Flächen beträgt bis zu 90 Prozent – es werden also nur zehn Prozent der Sonnenstrahlung aufgenommen und der größte Teil ins Weltall zurückgestrahlt.

Dunkle Flächen sind wärmer

Schmelzen Eis und Schnee jedoch ab, wird das darunterliegende Wasser oder Gestein freigelegt. Diese dunkleren Flächen nehmen mehr Sonnenstrahlung auf als die Eisflächen zuvor und speichern diese. Dies führt zu einer stärkeren Erwärmung und zu einem schnelleren Abschmelzen des Eises. Dieser sich selbst verstärkende Prozess ist verantwortlich für den extremen Anstieg der Temperaturen, der in den letzten Jahren in

Schon gewusst?

Seit 2010 werden die Eismassen der Erde vom europäischen Forschungssatelliten CryoSat-2 beobachtet. Neben der Fläche kann der Satellit mithilfe zweier Radargeräte auch die Dicke des Eises messen. Dadurch wissen wir, dass derzeit das Meereisvolumen der Arktis rapide abnimmt.

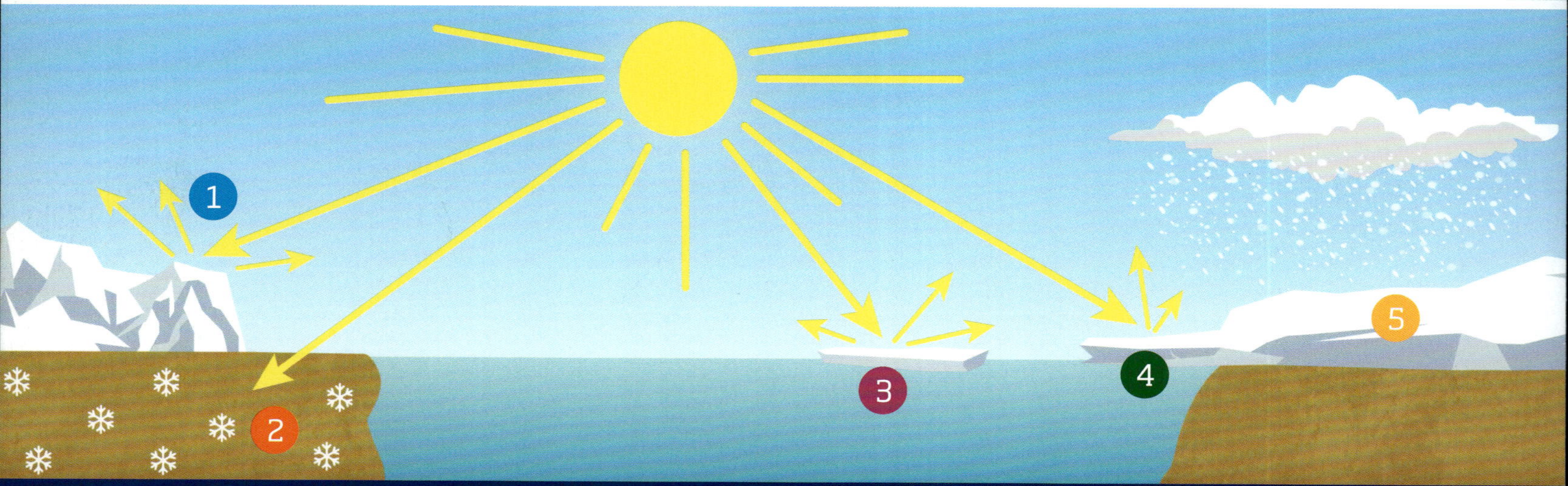

1 Die hellen eis- und schneebedeckten Flächen reflektieren besonders viel Sonnenstrahlung.

2 Erdboden wie Permafrostboden nimmt den Großteil der Sonnenstrahlung auf und erwärmt sich so.

3 Meereis entsteht, wenn Meerwasser gefriert. Meereis reflektiert mehr Sonnenstrahlung als die dunkleren Wasserflächen ohne Eis.

4 Wenn Inlandeis Richtung Meer fließt und dort auf dem Wasser schwimmt, spricht man von Schelfeis.

5 Inlandeis entsteht, wenn sich Schnee unter dem eigenen Gewicht verdichtet und verfestigt.

der Arktis beobachtet wird. Umgekehrt kann es aber genauso passieren: Wenn durch eine einmal angestoßene Abkühlung zusätzliche Eisflächen entstehen, werden mehr Sonnenstrahlen reflektiert und die Abkühlung beschleunigt. So kann dieser Effekt in eine Eiszeit führen – das ist in den letzten zweieinhalb Millionen Jahren unserer Erdgeschichte bereits mehrmals geschehen.

Wasserdampf und Methan

Solche Vorgänge, die sich selbst immer weiter verstärken, können die Konzentration von Treibhausgasen in der Atmosphäre verändern. Steigt die Durchschnittstemperatur der Erde an, so erhöht sich auch der mittlere Gehalt an Wasserdampf, einem Treibhausgas. Dies beschleunigt die Erwärmung und lässt noch mehr Wasser verdunsten. Zudem kann warme Luft mehr Wasserdampf aufnehmen als kalte Luft. Durch das Auftauen von Permafrostboden werden ebenfalls vermehrt die Treibhausgase Kohlendioxid und Methan freigesetzt. Das treibt die Erwärmung weiter voran und lässt den Permafrostboden noch schneller auftauen – wieder ein Teufelskreis.
Die beiden sich selbst verstärkenden Prozesse von schmelzendem Eis und dem Anstieg von Treibhausgasen in der Atmosphäre tragen entscheidend zum derzeit beobachteten Klimawandel bei.

Wolken und Klima

Weniger eindeutig als bei den Eis- und Schneeflächen sind die Klimaeffekte von Wolken. Diese reflektieren und streuen zunächst Sonnenlicht, sodass weniger Strahlung zur Erdoberfläche gelangt. Auf diese Weise wirken sie kühlend. Allerdings nehmen Wolken auch Wärmestrahlung auf, die von der Erdoberfläche stammt, und geben sie wieder an ihre Umgebung ab. Dies verstärkt den Treibhauseffekt und so können Wolken ebenfalls erwärmend wirken. Welcher Effekt überwiegt – der kühlende Albedo-Effekt oder der erwärmende Treibhauseffekt – hängt von der Wolkenart und ihrer Höhe ab. Hohe Eiswolken sind meist sehr dünn und schirmen nur einen geringen Teil der Sonnenstrahlung ab. Sie tragen zu einer Erwärmung bei. Niedrigere und dichtere Wolken hingegen reflektieren einen Großteil der Sonnenstrahlung ins All und wirken dadurch abkühlend. Simulationen am Computer haben ergeben, dass sich Wolken unter den heutigen Bedingungen insgesamt abkühlend auf das Erdklima auswirken.

Angeberwissen

- Mehr Eis führt zu mehr Abkühlung und damit wiederum zu mehr Eis.
- Genauso führt weniger Eis zu mehr Erwärmung und damit zu noch weniger Eis.
- Dieser sich selbst verstärkende Effekt der Abkühlung beziehungsweise Erwärmung wird von Klimaexperten als Eis-Albedo-Rückkopplung bezeichnet.

Das Eis der Arktis

Gehen helle Eisflächen aufgrund einer Erwärmung zurück, so verringert sich auch die Rückstrahlung von Sonnenlicht ins All **(1)**. *Nun liegen die dunkleren Boden- und Meeresflächen frei und absorbieren mehr Sonnenenergie. Dies verstärkt die Erwärmung und führt zu noch mehr Eisschmelze* **(2)**.

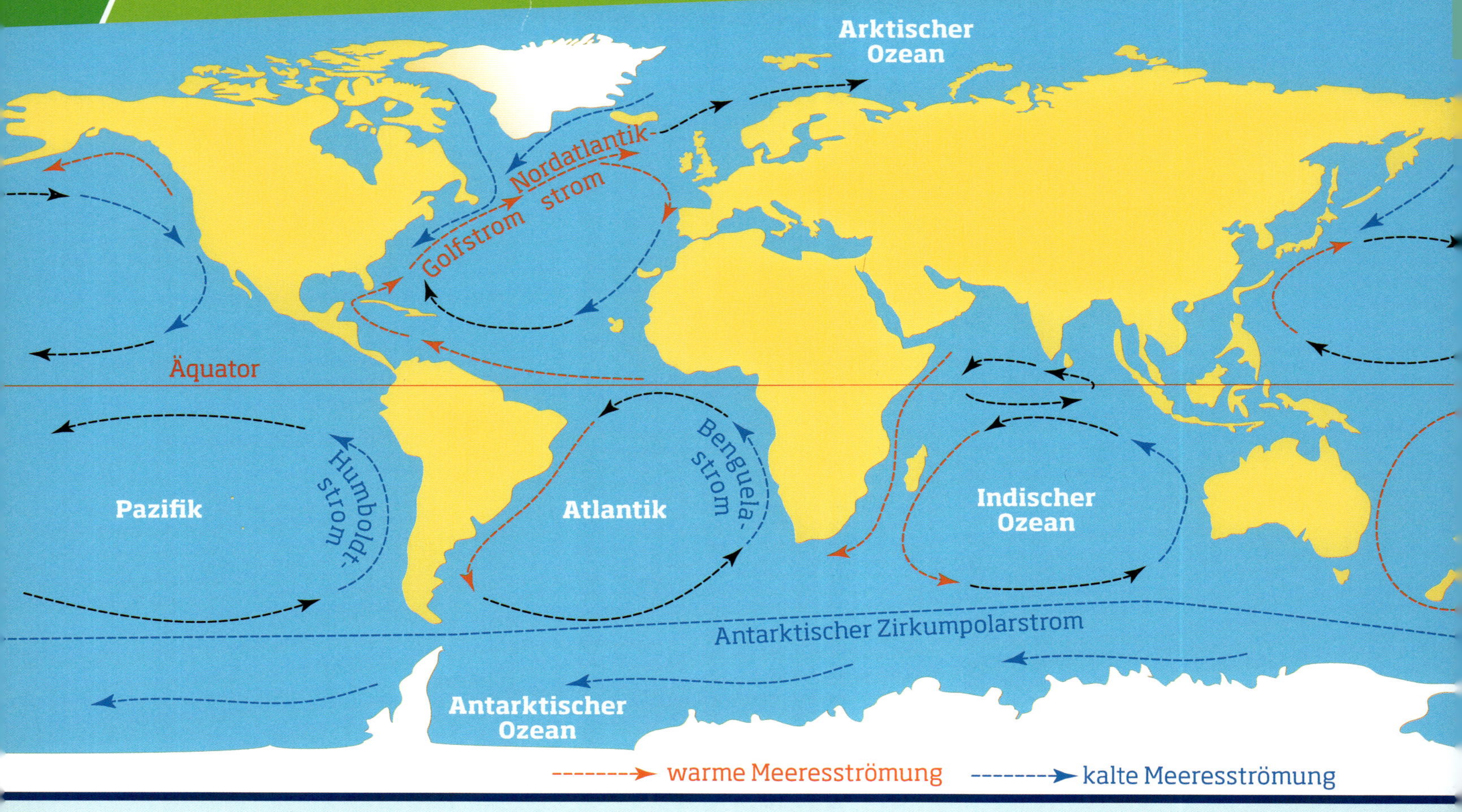

Das globale Förderband der Ozeanzirkulation umschließt die gesamte Erde. Ein System aus warmen und kalten Oberflächen- und Tiefenströmungen sorgt für die Umverteilung von Wärme.

Ozeane in Bewegung

Alle fünf Ozeane der Welt stehen miteinander in Verbindung. Vergleichbar mit riesigen Flüssen oder Autobahnen, ziehen sich Meeresströmungen rund um den Globus. Dieses riesige System aus Wasserbewegungen nennt man auch das globale Förderband der Ozeanzirkulation. Die gewaltigen Wassermassen sorgen für einen Austausch von Sauerstoff, Nährstoffen und Wärme – Meeresströmungen transportieren also große Mengen an Energie. Das Förderband aus Wasser umfließt Kontinente und verbindet auf diese Weise nahezu alle Teile der Welt. So werden Temperaturunterschiede ausgeglichen und das Klima an Land stark beeinflusst.

Starker Antrieb

Angetrieben wird das globale Förderband durch Winde, die über die Meeresoberfläche streichen, durch unterschiedliche Salzgehalte und die Temperatur des Meerwassers. Kaltes und salzhaltiges Wasser ist dichter als warmes und salzarmes Wasser. Meerwasser, das gefriert, baut das Salz nicht ins Eis ein. So reichert sich beim Gefrieren das Salz im Wasser an. Das Meerwasser unter einer sich bildenden Meereisschicht ist deshalb besonders salzhaltig und somit dichter und schwerer. Es sinkt nach unten und fließt als Tiefenströmung zurück in wärmere Regionen, wo es wieder aufsteigt. So schließt sich der Kreislauf.

Palmen in Schottland

Der Golfstrom versorgt Europa mit Wärme. Ohne ihn wäre es eiskalt. So aber können Palmen auch im Westen von Schottland wachsen.

Das Meerwasser der Polarmeere ist unter dem Eis besonders salzhaltig. Es ist somit schwerer und sinkt in die Tiefe.

Quietscheentchen auf hoher See

Gelbe Enten, grüne Frösche und blaue Schildkröten schwimmen im Dienste der Meeresforschung um die Welt – allerdings nicht absichtlich. 1992 geriet ein Frachtschiff im Nordpazifik in einen Sturm und verlor einige Container mit der bunten Fracht. Seitdem sind rund 29 000 Gummitierchen unterwegs! Einige wurden an die Küsten angeschwemmt, etwa in Alaska, Australien, Indonesien und Chile. Einige gelangten ins Nordpolarmeer, umrundeten Grönland und gelangten in den Atlantik bis an die Ostküste der USA und nach Europa. Meeresforscher rekonstruieren aus den Funden, wie die Meeresströmungen verlaufen.

Warmer Golfstrom

Die für Europa wohl wichtigste Meeresströmung ist der Golfstrom. Dieser bekommt Wasser aus den warmen Gewässern der Karibik, strömt zunächst entlang der nordamerikanischen Ostküste und wird dann von den Westwinden als Nordatlantikstrom zwischen dem 40. und 60. Breitengrad in Richtung Europa gelenkt. Auf seinem langen Weg verdunstet viel Wasser – daher steigt der Salzgehalt und das Wasser kühlt ab. Das nun kalte und salzhaltige Wasser ist dichter sowie schwerer geworden und sinkt zwischen Grönland und Nordeuropa in die Tiefsee ab. Gewaltige Wassermengen stürzen so nach unten. Man kann sich das wie einen Wasserfall unter der Meeresoberfläche vorstellen. Gleichzeitig wird warmes Wasser aus dem Golf- und Nordatlantikstrom nachgesaugt. So wird der Golfstrom angetrieben und trägt dazu bei, dass das gesamte globale Förderband der Meeresströmungen in Bewegung bleibt. Das warme Wasser, das der Golfstrom mit sich bringt, macht sich auch in der Luft bemerkbar: Ohne diesen Verlauf der Meeresströmung wäre die Lufttemperatur auf der Nordhalbkugel durchschnittlich ein bis zwei Grad Celsius niedriger. Über dem nördlichen Teil des Nordatlantiks wäre es sogar etwa acht Grad kälter. Die Winter bei uns im Westen Europas wären bei Weitem nicht so mild, wie wir sie gewohnt sind, sondern wesentlich kälter.

Eisiger Ringstrom

Der antarktische Zirkumpolarstrom ist die mächtigste Meeresströmung der Welt: Diese Strömung umschließt den Kontinent Antarktika vollständig. Angetrieben wird sie durch unermüdlich starke Westwinde. Der antarktische Zirkumpolarstrom transportiert weit mehr als hundert Mal so viel Wasser wie alle Flüsse der Erde zusammen! Entsprechend groß ist der Einfluss dieser Ringströmung auf das Klima der Erde.
Sie hebt das Tiefenwasser, das vom Nordatlantik nach Süden fließt, wieder an die Oberfläche. Dies geschieht aus zwei Gründen: Zum einen treiben die Winde der Region das Oberflächenwasser auseinander und zum anderen schwimmen schmelzende Eisschollen von der Küste weg und verdünnen beim Schmelzen das Meerwasser mit Süßwasser. Die geringe Dichte des Süßwassers verstärkt den Auftrieb und befördert das kalte Wasser aus der Tiefe nach oben.
Der antarktische Zirkumpolarstrom ist ein starker Motor des globalen Förderbandes und treibt als solches die weltweite Umverteilung des Meerwassers an.

Schon gewusst?

Die globale Erderwärmung wirkt sich auch auf die Meeresströmungen aus. Durch das schmelzende Eis an den Polkappen gelangt mehr Süßwasser ins Meer und der Salzgehalt sinkt, sodass der Antrieb der Meeresströmungen geschwächt werden kann.

Klimaforschung

Das Klima der Erde ergibt sich aus einem sehr komplexen Zusammenspiel von Atmosphäre, Ozeanen und Kontinenten, aber auch dem Leben auf unserem Planeten. Zum Verständnis der Klimaprozesse hat besonders die Erforschung vergangener Erdzeitalter beigetragen. Aus natürlichen Klimaarchiven können die Forscher das Paläoklima nachvollziehen. Paläoklimatologie ist jener Teilbereich der Klimatologie, der sich mit der Klimageschichte befasst. Die auf Supercomputern errechneten Klimamodelle sind immer genauer geworden und ermöglichen uns ebenso einen Blick in die nähere Zukunft des Erdklimas. Voraussetzung dafür sind genaue Klimadaten aus Vergangenheit und Gegenwart.

Wetteraufzeichnungen

Grobe Wetteraufzeichnungen gibt es vereinzelt bereits seit dem Mittelalter. Verlässlichere Wetterbeobachtungen wurden jedoch erst mit Erfindung des Barometers zur Messung des Luftdrucks im 17. Jahrhundert und des Thermometers im 18. Jahrhundert möglich. Doch beziehen sich diese Aufzeichnungen nur auf einzelne Orte und sind nicht immer lückenlos. Die Wetteraufzeichnungen einzelner Messstationen reichen alleine nicht aus, um ein deutliches Bild einer globalen Klimaentwicklung abzubilden. Erst seit dem Jahr 1851 werden Wetterdaten im Hadley Centre in England zu einem globalen Bild zusammengefügt. Eine Beschreibung der weltweiten Klimaentwicklung ist somit erst seit diesem Zeitpunkt möglich. Heute erfolgen Wetteraufzeichnungen über ein dichtes Netz an Wetterstationen und durch Wettersatelliten. Aus den Daten können durch wissenschaftliche Methoden die aktuellen Klimadaten, etwa die globale Durchschnittstemperatur, ermittelt werden.

Mehr als 3 000 Meter messen die längsten Eisbohrkerne aus Grönland. Mit ihnen kann man mehr als 100 000 Jahre zurück in die Vergangenheit blicken.

Eisbohrkerne werden als wertvolle Klimazeugen vergangener Zeiten genau gekennzeichnet und in Gefrierhäusern gelagert.

Eisbohrkern

Schon gewusst?

Über 3 600 Meter lang ist der Wostok-Eisbohrkern aus der Antarktis. In ihm sind Klimadaten der letzten 420 000 Jahre gespeichert. Ein anderer Kern – ebenfalls aus der Antarktis – ist zwar kürzer, bildet dafür aber das Klima von 900 000 Jahren ab.

Das Schelfeis der Antarktis bildet sich schichtweise. Es speichert wertvolle Klimainformationen.

Angeberwissen

- Im Eis sind auch Luftbläschen eingeschlossen, die über die chemische Zusammensetzung der Atmosphäre vergangener Zeiten Auskunft geben. Spuren von Staub und schwefelhaltigen chemischen Verbindungen weisen auf Ereignisse wie Vulkanismus hin, die das Klima beeinflusst haben könnten.
- Kleine Säugetiere reagieren schneller als große auf Klimaschwankungen. Ihre Fossilien eignen sich besser für eine feinere Unterteilung der Klimaereignisse.

In Bodenablagerungen kommen oft Blütenpollen vor. Unter dem Mikroskop lassen sie sich bestimmten Pflanzen zuordnen und verraten so, welche Klimabedingungen zu jener Zeit geherrscht haben.

Auch Skelettreste können Hinweise auf das Klima geben: So lebte in Kaltzeiten das Mammut, in Warmzeiten der Waldelefant.

Natürliche Klimaarchive

Um etwas über das Klima einer Zeit herauszufinden, in der es noch keine Naturforscher oder Meteorologen gab und damit auch keine Wetteraufzeichnungen, werden natürliche Klimaarchive genutzt. Das sind Ablagerungen in Meeren oder Seen, schichtweise wachsende Tropfsteine in Höhlen oder Jahresringe von Bäumen. Das wohl wichtigste Klimaarchiv ist das Eis von Gebirgsgletschern und das Inlandeis Grönlands und der Antarktis.
In diesen natürlichen Klimaarchiven sind Klimadaten wie Temperatur und Niederschläge gespeichert.

Eisbohrkerne

Die Eismassen Grönlands und der Antarktis bilden sich aus dem gefallenen Schnee, der sich unter dem eigenen Gewicht zu Eis verdichtet. So lassen sich die verschiedenen Eisschichten eindeutig dem Jahr zuordnen, in dem der Schnee gefallen ist. Mit aufwendigen Bohrungen gewinnt man einen bis über 3 000 Meter langen Eisbohrkern. Je tiefer eine Eisschicht liegt, umso älter ist sie. Klimaforscher untersuchen die Eisbohrkerne millimetergenau und ordnen die Schichten den Jahren zu, in denen sie sich gebildet haben. Besonders interessieren sie sich für die Wassermoleküle, aus denen das Eis besteht. Wasser besteht nämlich aus etwas leichteren und etwas schwereren Molekülen, die unterschiedlich leicht verdunsten.
Mit der Temperatur ändert sich das Verhältnis von schweren zu leichten Molekülen im Wasserdampf und damit auch im Schnee, der zu einer neuen Eisschicht in den Gletschern wird. Auf diese Weise können die Forscher die Durchschnittstemperaturen längst vergangener Zeiten ermitteln und feststellen, wann es zum Beispiel eine Kaltzeit gab.

Baumringanalyse

Jedes Jahr bildet sich im Stamm eines Baumes ein neuer Ring aus, der aus dem helleren Frühholz besteht und vom Ring des nächsten Jahres durch das dunklere Spätholz abgegrenzt ist. Früh- und Spätholz bilden zusammen einen Jahresring. In Jahren mit guten Wachstumsbedingungen sind die Jahresringe breiter. Ist es kälter und trockener, fallen die Jahresringe schmaler aus. Extrem dünne Jahresringe können auf Dürreperioden oder andere klimabedingte Stressereignisse für den Baum hindeuten.

Baumringe
Aus der Breite der Jahresringe lässt sich auf das jeweils herrschende Klima schließen, etwa auf Temperatur und Niederschläge.

Die noch junge Urerde wurde anfangs heftig bombardiert. Erst als der Beschuss nachließ, bildete sich allmählich eine feste Erdkruste.

Urerde und Urklima – wie alles anfing

Unser Planet hat eine bewegte Klimageschichte hinter sich. Das sich stets wandelnde Klima stellte Lebewesen vor immer neue Herausforderungen und beschleunigte so die Evolution, also die Anpassung des Lebens an immer neue Umweltbedingungen. Gewissermaßen hat das Klima erst dazu beigetragen, dass sich vielfältiges Leben entwickeln konnte. Doch zuvor musste erst ein nicht zu kalter und nicht zu heißer Gesteinsplanet entstehen.

Unser Heimatplanet entsteht

Vor 4,6 Milliarden Jahren begann sich eine gigantische Gas- und Staubwolke, die Überreste von ausgebrannten und explodierten Sternen, zu verdichten. Diese Materie verklumpte und bildete die Sonne sowie die Planeten. Unaufhörlich schlugen Brocken aus dem All auf die noch junge Erde ein und heizten den wachsenden Planeten auf. Auf dem glühend heißen Himmelskörper konnten weder flüssiges Wasser noch eine Gashülle existieren.

Uratmosphäre

Doch die Einschläge wurden weniger und spätestens vor vier Milliarden Jahren war die Erdkruste so weit abgekühlt, dass sich Ozeane und eine Atmosphäre bilden konnten. Die Uratmosphäre bestand vorwiegend aus Stickstoff, Kohlendioxid und Wasserdampf. Das sind jene Gase, die heute noch Vulkane ausspeien. Sauerstoff war, wenn überhaupt, nur in Spuren vorhanden. Für den Menschen und die meisten anderen heutigen Lebewesen wäre diese Uratmosphäre absolut tödlich gewesen.

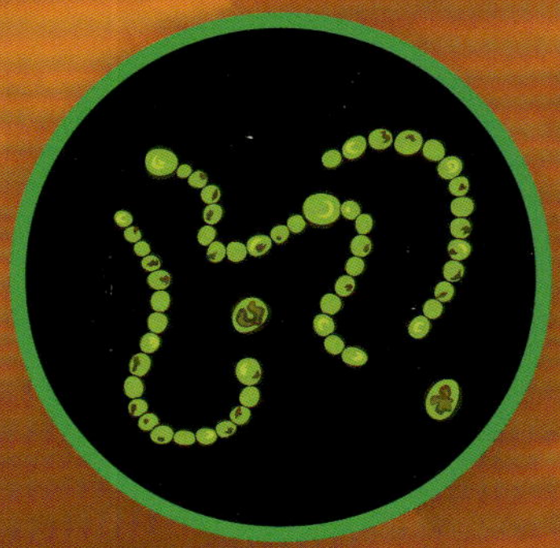

Die im Urmeer lebenden Cyanobakterien stellten durch Fotosynthese Sauerstoff her und schafften so die Grundlage für völlig neue Lebensformen.

Schon gewusst?

Paläoklimatologie ist die Wissenschaft vergangener Klimaänderungen. Mithilfe der Klimaarchive versuchen Wissenschaftler, die Klimageschichte unseres Planeten zu rekonstruieren.

Urklima

Aus der Frühzeit der Erde ist nur wenig über das Klima bekannt, denn das meiste Gestein aus jener Zeit ist längst verwittert oder wieder in den heißen Erdmantel abgetaucht und aufgeschmolzen. Das wenige noch erhaltene alte Gesteinsmaterial jedoch enthält Hinweise, dass es vor 3,8 bis 4 Milliarden Jahren bereits flüssiges Wasser in Form von riesigen Meeren gab. Diese Urozeane hatten sich als Folge unvorstellbar starker Regenfälle gebildet, die viele Tausend Jahre anhielten. In den Urozeanen konnten sich erste Lebensformen entwickeln, die heutigen Bakterien geähnelt haben. Die Kontinente hingegen waren lebensfeindlich, denn mangels Sauerstoff in der Atmosphäre gab es auch keine Ozonschicht, die vor UV-Strahlung geschützt hätte. In den Ozeanen löste sich das Kohlendioxid und lagerte sich als Kalkschicht am Meeresboden ab. Nun, da das CO_2 der Atmosphäre entzogen worden war, sank die Temperatur endlich.

Die schwache Sonne

Als Wissenschaftler über die Frühzeit der Erde nachdachten, stießen sie auf ein großes Problem. Die junge Sonne leuchtete vor vier Milliarden Jahren etwa 30 Prozent schwächer als heute. Würde unsere heutige Erde von einer solch schwachen Sonne bestrahlt, würden Temperaturen weit unter dem Gefrierpunkt herrschen und alles Wasser läge ausschließlich als Eis vor. Dies aber widerspricht dem gefundenen Material. Wie also konnte trotz der schwachen Sonne das Wasser auf der Erde flüssig bleiben? Die Lösung hat möglicherweise mit Wolken zu tun: In der Frühzeit war die Erde kaum mit Wolken verhüllt und die Sonnenstrahlung gelangte somit ungehindert zur Erdoberfläche. Zusätzlich könnten die Landmassen weniger Fläche eingenommen und die Ozeane eine größere Ausdehnung gehabt haben, was ebenfalls zu einer stärkeren Aufnahme der Sonnenstrahlung geführt haben dürfte. Unter diesen Umständen konnte auch eine schwächere Sonne das Wasser unseres Planeten flüssig halten.

Stromatolithen wie hier im Haelin Pool in Australien gab es bereits vor dreieinhalb Milliarden Jahren. Sie werden von Cyanobakterien gebildet.

Die Sonne gibt Gas

In ihrer Frühphase bestand die Sonne noch aus weit mehr leichtem Wasserstoff als heute. Mit zunehmender Dauer der Kernfusion in ihrem Inneren nahm jedoch der Anteil an schwererem Helium zu. So stiegen allmählich Druck und Temperatur im Zentrum der Sonne – und damit auch die Energieproduktion.

Mehr Sauerstoff

Vor etwa 2,5 Milliarden Jahren veränderte sich die chemische Zusammensetzung der Atmosphäre drastisch – zum Guten. Cyanobakterien nutzten die Energie des Sonnenlichts, indem sie durch Fotosynthese aus Kohlendioxid und Wasser Zucker aufbauten. Gewissermaßen als Abfallprodukt gaben sie große Mengen Sauerstoff in die Atmosphäre ab. Nun konnten sich auch neue Lebensformen entwickeln, die ihre Energie aus der Verbrennung, also aus chemischen Reaktionen mit Sauerstoff bezogen. Dieser Entwicklung verdanken wir Menschen unsere Existenz.

Eisige Zeiten

Das Leben auf der Erde nahm nur langsam Fahrt auf: Die ersten 3,5 Milliarden Jahre lebten ausschließlich einfach gebaute, einzellige Organismen in den Urozeanen. Noch bevor sich daraus komplexere, mehrzellige Lebensformen entwickeln konnten, sanken die Temperaturen mindestens zweimal enorm und die Erde vereiste. Soweit wir wissen, dürfte sich das erste Eiszeitalter vor ungefähr 2,5 Milliarden Jahren ereignet haben. Das zweite Mal fand dies vor grob 700 Millionen Jahren statt.

Schneeball-Erde

Besonders dramatisch war jene Abkühlung, die vor 730 Millionen Jahren begann. Ausgehend von den Polen, breitete sich das Eis sogar bis in die Tropen aus. Manche Forscher vermuten, dass fast die ganze Erde vereist war – Kontinente genauso wie Ozeane. Sie sprechen dabei von der sogenannten Schneeball-Erde. Ob die Ozeane vollständig vereist und bis zum Meeresgrund gefroren waren, wie manchmal vermutet wird, ist allerdings sehr umstritten. Einige eisfreie Teile in den Tropen und die Umgebung von Vulkanen sowie heiße Quellen in der Tiefsee dürften Inseln des Lebens gewesen sein.

Unaufhaltbares Eis

Wie dieses Eiszeitalter genau ausgelöst wurde, wissen die Forscher nicht. Doch sie vermuten, dass der globale Kohlenstoffkreislauf stark gestört war. Sehr wahrscheinlich hängt der starke Temperatursturz damit zusammen, dass der damalige Urkontinent auseinanderbrach. Er war wegen seiner enormen Größe zu weiten Teilen ein Wüstenkontinent. Nun aber war die Landmasse aufgebrochen und es gelangten Niederschläge in Gebiete, die bislang trocken waren. Die einsetzende chemische Verwitterung entzog der Atmosphäre das Treibhausgas Kohlendioxid. Die damit einhergehende Abkühlung wurde durch die Eis-Albedo-Rückkopplung beschleunigt. Das Eis rückte immer weiter vor. Computersimulationen zeigen: Sobald die beiden Eiskappen den 30. Breitengrad erreicht haben, vereist die Erde nahezu vollständig. Ab diesem Zeitpunkt wirft die helle Eisoberfläche so viel Sonnenstrahlung zurück ins Weltall, dass unser Planet kaum mehr eine Chance hat, dem Teufelskreislauf der Vereisung zu entkommen. In dieser letzten Eiszeit dürfte es mehrmals eine solche Schneeball-Erde gegeben haben.

Das große Tauen

Schließlich konnte der Kohlenstoffkreislauf den Planeten wieder aus der globalen Vereisung befreien. Unter dem Eis der Schneeball-Erde war die Verwitterung nahezu zum Erliegen gekommen – nicht jedoch der Vulkanismus. Mit den vulkanischen Eruptionen gelangte immer mehr Kohlendioxid in die Atmosphäre. Der Treibhauseffekt nahm zu, es wurde wärmer und die Eismassen begannen zu schmelzen. Die Katastrophe der Schneeball-Erde war vor etwa 600 Millionen Jahren überstanden und die Temperaturen schlugen in die andere Richtung aus. Möglicherweise herrschten Temperaturen von bis zu 50 Grad Celsius! Als die Verwitterung erneut in Schwung kam, entfernte sie einen Teil des Kohlendioxids aus der Atmosphäre.
Die Erde kühlte so wieder ab, doch es blieb meist wärmer als heute.

Schon gewusst?

Von einem Eiszeitalter spricht man immer dann, wenn mindestens einer der beiden Pole vereist ist. Einer anderen Definition zufolge muss es auf beiden Erdhalbkugeln große Vergletscherungen geben, so wie es auch heute der Fall ist.

Schwarzer Raucher

Solche heißen Quellen in der Tiefsee dürften während einer Schneeball-Erde Oasen des Lebens gewesen sein. Während dort heute neben Bakterien auch Krebse oder Muscheln leben, gab es damals nur einzelliges Leben.

Schneeball-Erde

Je mehr Fläche von Eis bedeckt war, umso mehr Sonnenstrahlung wurde ins Weltall zurückgeworfen – das führte zu einer weiteren Abkühlung. Am Ende war fast der ganze Planet vereist.

Geschiebe sind Steine, die von Gletschern bewegt wurden. Auch sie lassen vermuten, dass ganze Kontinente mit Eis bedeckt waren.

Evolution und Klima

Nach dem Ende der Schneeball-Erde beschleunigte sich die Evolution. Es entwickelten sich die Vorgänger aller heutigen Lebensformen, darunter Schwämme, Gliederfüßer, Weich- und Wirbeltiere. Doch mindestens fünfmal kam es seitdem zu großen Massenaussterben, denen viele Arten zum Opfer fielen. Auch wenn die genauen Ursachen nicht geklärt sind, dürfte hierbei das Klima eine entscheidende Rolle gespielt haben.

Dropstones finden sich in den Sedimenten ehemaliger Meere. Sie sind ein Hinweis auf die Schneeball-Erde. Die Steine fielen auf den Meeresgrund, als Eisberge schmolzen, in denen sie eingefroren waren.

Das Zeitalter der Kohle

Besonders bedeutsam für die Menschen des Industriezeitalters ist das Zeitalter des Karbons, das vor etwa 359 Millionen Jahren begann und vor rund 299 Millionen Jahren endete. Die Bezeichnung »Karbon« leitet sich vom lateinischen »carbo« für Kohle ab. Auf Englisch heißt Kohle »carbon«. Zu jener Zeit waren die Kontinente anders verteilt als heute. Große Landmassen lagen am Südpol und waren mit Eispanzern bedeckt. Ein anderer Teil lag in den wärmeren Gebieten am Äquator. Dort wuchsen vor allem in den Küstenregionen tropische Sumpfwälder.

Vom Wald zur Kohle

Aus diesen Sumpfwäldern bildeten sich die heutigen Steinkohlevorkommen – daher auch der Name Karbon- oder Steinkohlezeitalter. Die Wälder des Karbons bestanden unter anderem aus Baumfarnen und Schachtelhalmgewächsen. Die abgestorbenen Pflanzen kippten um, versanken in den Sümpfen und wurden von Sedimentschichten bedeckt. Ohne Luft und unter dem Druck der darüberliegenden Schichten, bildete sich aus dem Pflanzenmaterial zunächst Torf, dann Braunkohle und schließlich Steinkohle.
Je weiter die Umwandlung fortschritt, umso höher stieg der Kohlenstoffgehalt und umso dunkler wurde das Material. Als mit der Erfindung der Dampfmaschine der Mensch begann, Kohle in großem Maßstab zu verbrennen, nutzte er also Sonnenenergie, die urzeitliche Pflanzen vor Jahrmillionen eingefangen haben. Mithilfe der Kohle wurde in Hochöfen auch Eisen hergestellt. Kohle wurde mit dem Beginn der Industrialisierung zum wichtigsten Energieträger und Rohstoff. Sie trieb Lokomotiven an und hielt Fabriken am Laufen.

Pflanzen kühlen die Erde ab

Am Ende des Karbons war die CO_2-Konzentration deutlich gesunken: Zuvor befand sich teilweise das Zehnfache an Kohlendioxid in der Erdatmosphäre! Die abgestorbenen Pflanzen, die sich in der Tiefe des Bodens allmählich in Kohle umwandelten, hatten ihr das Treibhausgas entzogen.
Damit sorgten sie für eine drastische Abkühlung der Erde. Wenn wir heute Kohle verbrennen, wird das gespeicherte Kohlendioxid wieder freigesetzt.

Vom Plankton zum Erdöl

Nicht nur Landpflanzen speicherten Kohlenstoff aus der Atmosphäre. In den urzeitlichen Meeren des Karbons, aber auch anderer Zeitalter, betrieben mikroskopisch kleine

Statt Säugetieren lebten in den feuchtwarmen Sumpfwäldern des Karbons zweieinhalb Meter lange Tausendfüßer und gigantische Skorpione. Durch die Luft schwirrten riesige Libellen.

In den Steinkohlelagerstätten finden sich noch Spuren urzeitlicher Wälder, darunter Farne.

Algen ebenfalls Fotosynthese. Von diesem pflanzlichen Plankton, das in den Meeren trieb, ernährten sich tierisches Plankton und andere Organismen. Abgestorbenes Plankton sank zum Meeresboden und wurde im Sediment eingebettet. Ohne Zugang zu Luft bildeten sich aus den abgestorbenen Organismen Erdöl und Erdgas, also jene fossilen Energieträger, die heute Autos, Flugzeuge und Schiffe antreiben. Mit dem Begriff »fossile Energie« sind jene Brennstoffe gemeint, die sich vor langer Zeit aus toten Pflanzen und Tieren gebildet haben. Der Mensch setzt beim Verbrennen fossiler Brennstoffe innerhalb von einigen Jahrzehnten Kohlendioxid frei, das pflanzliches Leben in vielen Jahrmillionen aus der Atmosphäre entfernt hat. So tragen wir dazu bei, dass die Temperatur auf der Erde ansteigt.

Förderpumpen bringen Erdöl aus großer Tiefe an die Oberfläche. Erdöl und Erdgas sind unter anderem aus Algen entstanden, die vor vielen Jahrmillionen gelebt haben.

Wie entsteht Kohle?

In den feuchtwarmen Regionen des Karbonzeitalters wuchsen üppige Tropenwälder **(1)**. *Abgestorbene Pflanzen wandelten sich unter Luftausschluss und dem Druck darüberliegender Schichten schließlich in Braunkohle um* **(2)**. *Mit zunehmendem Druck wurde daraus Steinkohle* **(3)**. *Kohle ist somit gespeichertes Kohlendioxid.*

Das Klima zur Zeit der Dinosaurier

Vor 252 Millionen Jahren begann das Erdmittelalter, das sich in drei Zeitabschnitte unterteilt: Trias, Jura und Kreide. Die Atmosphäre enthielt im Erdmittelalter mehr Kohlendioxid als heute und das Klima war aufgrund des Treibhauseffekts deutlich wärmer. Dies begünstigte das Pflanzenwachstum und brachte eine üppige Vegetation hervor. Die Pflanzenfresser fanden ausreichend Nahrung – und so entwickelten sich aus den ersten, noch eher kleineren Dinosauriern wahre Giganten. Offensichtlich war Größe ein Überlebensvorteil! Doch je größer die Pflanzenfresser wurden, umso stärker zogen die fleischfressenden Raubsaurier nach.
Zu den größten und bekanntesten Räubern zählen der Allosaurus aus dem Oberjura und der Tyrannosaurus rex aus der Kreidezeit. Doch vor 66 Millionen Jahren, gegen Ende der Kreidezeit, verschwanden diese Giganten von der Bildfläche unseres Planeten.

Das große Sterben

Welche Ursache das große Dinosauriersterben hatte, darüber wird bis heute heftig diskutiert. Einige Forscher sehen den Einschlag eines zehn Kilometer großen Meteoriten auf der heutigen mexikanischen Halbinsel Yucatan als Dinokiller. Dieser Gesteinsbrocken zog zuvor durchs All und kreuzte die Bahn der Erde. Beim Einschlag setzte er große Mengen Energie frei. Dieses Ereignis führte sehr wahrscheinlich zu einer weltweiten Abkühlung über Jahre hinweg und entzog so den Dinosauriern die Lebensgrundlage. Auch könnte ein zur gleichen Zeit stattfindendes lange andauerndes vulkanisches Ereignis das Klima dramatisch verschlechtert haben. Möglicherweise trugen auch beide Ereignisse gemeinsam zum Verschwinden der Dinosaurier bei.

Bedrohung von oben

Die beim Meteoriteneinschlag freigesetzte Energie vernichtet in unmittelbarer Nähe augenblicklich alles Leben.
Aber auch weiter entfernt kommt es zu katastrophalen Veränderungen durch Brände, Staub und Tsunamis. Tsunamis sind gewaltige Wellen, die sich auf offenem Meer bilden und ihre zerstörerische Energie entfalten, sobald sie auf die Küste treffen. Besonders große Tsunamis können sogar ins Landesinnere eindringen und Pflanzen sowie Tiere mit sich reißen.
Doch neben diesen kurzfristigen Effekten sind länger wirkende Klimaänderungen sehr viel dramatischer für das Leben auf der Erde.

Klimamacher Meteorit

Beim Einschlag eines großen Meteoriten verdampfen erhebliche Mengen Gestein und es gelangen schwefelhaltige Stoffe in die Atmosphäre, wo sie sich in großer Höhe mit den Luftströmungen verteilen und die Erde wie mit einem Schleier verhüllen. Während der Staub allmählich absinkt und nur für kurze Zeit in der Atmosphäre bleibt, bleiben die Schwefelstoffe länger wirksam. Sie verhindern, dass die Sonnenstrahlung ungehindert zum Erdboden gelangt. Computersimulationen zeigen, dass das Klima sich im weltweiten Jahresdurchschnitt um

Prima Klima!
Das Klima des Erdmittelalters begünstigte das Pflanzenwachstum und so bevölkerten beeindruckende Pflanzenfresser wie die riesigen Sauropoden die Erde.

mindestens 26 Grad abgekühlt haben muss. So blieb die Temperatur über mehrere Jahre unter dem Gefrierpunkt. Für die Dinosaurier, die an tropisches Klima angepasst waren, war diese drastische Abkühlung eine Katastrophe. Weniger Sonnenlicht und Kälte bedeuteten weniger Pflanzenwachstum. Die großen Körper, bisher ein Vorteil, konnten nun nicht mehr ausreichend mit Nahrung versorgt werden. Vermutlich normalisierte sich das Klima erst nach drei Jahrzehnten wieder. Da war es aber für die Dinosaurier schon zu spät – nur kleinere Tiere konnten überleben.

Killervulkan

Vor 66 Millionen Jahren kam es zu einem weiteren großen Ereignis auf unserem Planeten. Im Westen einer großen Landmasse, die wir heute als Indien kennen, strömten über Hunderttausende, wenn nicht sogar über Millionen Jahre unvorstellbar große Mengen Lava aus dem Erdinneren. Die erstarrte Lava bedeckte ein Gebiet von über einer halben Million Quadratkilometer und ist heute noch mehr als eintausend Meter mächtig! Bei diesem vulkanischen Ereignis gelangten große Mengen Asche und Gase in die Atmosphäre, darunter auch klimawirksame schwefelhaltige Gase.
Einige Forscher geben diesem Vulkanismus zumindest eine Mitschuld am großen Dinosterben.

Großer Knall

Der Meteoriteneinschlag galt lange als Hauptursache für das Aussterben der Dinosaurier.

Das Ende

Ob Meteoriteneinschlag oder vulkanische Katastrophe – letztlich besiegelte der herbeigeführte Klimawandel das Schicksal der Dinosaurier. Vorübergehend dürfte es zu einer dramatischen Abkühlung der Erde gekommen sein.

Angeberwissen

- Am Ende der Kreidezeit sind nicht alle Dinosaurier ausgestorben: Aus einigen Arten entwickelten sich die Vögel, die als Nachfahren der Dinosaurier gelten.
- Mit dem Verschwinden der Dinosaurier wurde die Bühne frei für die Säugetiere, die bis dahin ein Leben im Schatten der Dinosaurier geführt hatten.
- Nun besetzten Säugetiere Nischen, die bisher Dinosaurier eingenommen hatten, und es konnten sich auch Primaten entwickeln, darunter die Vorfahren des Menschen. Letztlich verdankt der Mensch der Klimaveränderung am Ende der Kreidezeit seine Existenz.

Eiszeit und Mensch

Klimaänderungen haben die Evolution vorangetrieben und immer neue Arten hervorgebracht. Auch die Entwicklung des Menschen hängt eng mit dem Klima zusammen. Der erste entscheidende Schritt zum Menschen ereignete sich vor etwa sieben Millionen Jahren in Afrika, als sich die Entwicklungslinie der Hominiden von jener der Menschenaffen trennte.

Afrika – Wiege der Menschheit

Als Folge einer weltweiten Abkühlung gelangte weniger Wasserdampf in die Atmosphäre und so fielen auch weniger Niederschläge. Regional wirkte sich dies unterschiedlich aus. Wir interessieren uns vor allem für die klimatischen Verhältnisse in Ostafrika, wo besonders viele Fossilien von Vor- und Urmenschen gefunden wurden. Dort wurde es immer trockener, die Wälder verschwanden und stattdessen bildeten sich offene Savannenlandschaften. Ein Grund dafür war unter anderem, dass im Ostafrikanischen Grabenbruch die Erde aufriss und sich neben den berühmten ostafrikanischen Seen auch Gebirge bildeten, die den Osten vom feuchteren Westen mit seinen Regenwäldern abtrennten.

Aufrecht durchs Leben

Nun entstanden die weiten Savannen mit ihren großen Tierherden, darunter Antilopen, Gnus und Zebras. Unsere affenähnlichen Vorfahren trainierten schon in den Bäumen lebend eine aufrechte Haltung. Jetzt bewegten sie sich aufrechten Ganges auf zwei Beinen durch die Savanne, eine Graslandschaft mit nur sehr wenigen Bäumen. Sie überblickten das hohe Gras und erkannten so früher gefährliche Raubtiere – ein großer Vorteil gegenüber der Fortbewegung auf allen Vieren. Ein weiterer Pluspunkt: Wer Arme und Hände nicht mehr zum Laufen benutzt, hat sie frei für andere Dinge, zum Beispiel zum Herstellen von Werkzeugen und zum Transportieren von Nahrung.

Klima und Kultur

Die ältesten Steinwerkzeuge sind bis zu 3,3 Millionen Jahre alt. Unsere Vorfahren werdem im Eiszeitalter, dem Pleistozän, zu immer besseren Werkzeugmachern. Das Pleistozän bestand aus einer Abfolge von Eiszeiten, Glaziale genannt, und Zwischeneiszeiten, genannt Interglaziale. Man spricht auch von Kalt- und Warmzeiten.

Schon vor 3,2 Millionen Jahren waren unsere Vorfahren gut zu Fuß. Das beweisen Skelettfunde wie der von Lucy, deren Aussehen Forscher rekonstruiert haben.

Rekord

2,8 Mio. Jahre

alt ist das älteste bekannte Fossil eines Homo rudolfensis, dem ältesten Vertreter der Gattung Mensch.

Das wechselhafte Klima des Eiszeitalters hat den aufrechten Gang hervorgebracht.

Schon gewusst?

Mit der Herstellung von Werkzeugen begann die kulturelle Evolution, die zu mehr Anpassungsfähigkeit führte. Naturwissenschaften, Technik, aber auch Kunst und Sprache sind Teil dieser kulturellen Evolution, die mit den ersten Knochen- und Steinwerkzeugen ihren Anfang genommen hat.

Selbst in den wärmeren Zwischeneiszeiten waren die Pole von Eiskappen bedeckt und in den Hochgebirgen lag Eis. Werkzeuge machten unsere Vorfahren vom Klima unabhängiger. Diese Werkzeuge und Waffen aus Stein, Holz oder Knochen trugen dazu bei, dass aus Pflanzenfressern Allesfresser wurden. Weil das Gehirn viel Energie verbraucht, ermöglichte dieser Wandel in der Ernährung auch, dass das Gehirnvolumen zunehmen konnte. Das Klima ließ unsere Vorfahren also klüger werden!

Auf Wanderschaft

Das Klima wechselte in den letzten 2,5 Millionen Jahren mehrmals zwischen feuchtwarm und trockenkalt. Damit änderte sich das Nahrungsangebot für Tier und Mensch. Die Tiere wechselten auf der Suche nach Wasser sowie Futter ihre Weidegründe – und ihnen folgten die Menschen, die ein nomadisches Leben als Jäger und Sammler führten. Vermutlich verließen unsere menschlichen Vorfahren vor etwa zwei Millionen Jahren den afrikanischen Kontinent und bewegten sich in Richtung Europa und Asien. In der neuen Heimat entwickelten sie sich jeweils in den verschiedenen Regionen weiter. Aber auch in der afrikanischen Urheimat schritt ihre Entwicklung voran: Der älteste bekannte moderne Mensch, der Homo sapiens, zu dem alle heute lebenden Menschen gehören, lebte dort bereits vor 300 000 Jahren. Dieser moderne Mensch breitete sich vor etwa 120 000 Jahren über die Welt aus und verdrängte dort lebende Menschenarten oder vermischte sich mit ihnen. Er zog als Nomade umher und gelangte vor rund 40 000 Jahren nach Europa.

Milankowitsch-Zyklen

Was ist die Ursache für die sich regelmäßig abwechselnden Kalt- und Warmzeiten? Eine Erklärung dafür fand der Physiker Milutin Milankowitsch: Drei Faktoren beeinflussen, wie viel Sonnenenergie die Erde erreicht, sodass es mal wärmer und mal kälter wird. Erstens verändert die Erdbahn alle circa 100 000 Jahre allmählich ihre Form: Mal ist sie eine Ellipse, dann wieder ein fast perfekter Kreis. Zweitens ändert sich im Rhythmus von etwa 41 000 Jahren die Neigung der Erdachse.
Und drittens eiert die Erdachse wie ein Kreisel, wobei ein Umlauf rund 23 000 Jahre dauert. Durch die Überlagerung dieser drei Milankowitsch-Zyklen kommt es zu einer mehr oder weniger regelmäßigen Abkühlung und Erwärmung der Erde. Allerdings sind die damit verbundenen Änderungen der Sonneneinstrahlung nicht stark genug, um den Einbruch von Kalt- oder Warmphasen direkt zu erklären – sie sind vielmehr die Auslöser. Die Temperaturänderungen müssen erst noch verstärkt werden, zum Beispiel durch die Eis-Albedo-Rückkopplung.

Kinder der Eiszeit

Körperliche Veränderungen wie das zunehmende Gehirnvolumen, aber auch kulturelle Fähigkeiten wie der Werkzeuggebrauch, die Sprache bis hin zur Entwicklung der Hochkulturen: Alle wichtigen Stationen der Menschheitsgeschichte sind eine Folge des wechselhaften Eiszeitklimas. Wir dürfen uns deshalb als Kinder des Eiszeitalters sehen, ohne das der moderne Mensch wahrscheinlich nie entstanden wäre.

Werkzeuge und Jagdwaffen machten den Menschen anpassungsfähiger. So kam er auch mit dem kälteren Klima im eiszeitlichen Europa zurecht.

Wir werden sesshaft

Als sich vor rund 12 000 Jahren die Gletscher auf der nördlichen Halbkugel zurückzuziehen begannen, endete das Eiszeitalter Pleistozän und das Holozän brach an. Im Grunde genommen ist das Holozän nur eine weitere Zwischeneiszeit, die bis heute andauert. Doch diese Warmphase hat für uns Menschen eine besondere Bedeutung, denn erst sie ermöglichte uns ein sesshaftes Leben.

Aus Jägern wurden Bauern

Der Mensch, der die Eiszeit als Jäger und Sammler gut überstand, fand neue Möglichkeiten, sich zu ernähren. Immer mehr Menschen gaben ihren nomadischen Lebensstil auf: Sie ließen sich nieder und erfanden Ackerbau und Tierzucht. Aus kleinen Siedlungen wurden Dörfer, Städte und schließlich Stadtstaaten. In den großen Stadtstaaten herrschte Arbeitsteilung, das heißt, nicht jeder musste sich um die Landwirtschaft kümmern. Kurz gesagt, es entstanden Kultur und Wissenschaft, auf die auch unsere moderne Zivilisation aufbaut.

Trockene Wüste

Diese Entwicklungen waren nur möglich, weil das Klima im Holozän besonders stabil ist. Dennoch bleiben auch kleinere Klimawechsel nicht aus. So trocknete vor etwa 5000 Jahren die zeitweise grüne Sahara aus. Das verraten Proben von abgelagerten Meeressedimenten, die vor der nordafrikanischen Küste entnommen wurden: Sie enthalten vermehrt Saharasand. Computersimulationen zeigen, dass als Auslöser die Milankowitsch-Zyklen in Frage kommen. Sie könnten dazu geführt haben, dass in Nordafrika der Monsunregen nachgelassen hat. Als Monsun werden jahreszeitlich wechselnde Winde bezeichnet, die mal vom Meer kommen und mal aufs Meer hinaus wehen. Oft erfolgt der Wechsel im Abstand von einem halben Jahr. Damit einher gehen Regen- und Trockenphasen.

Grünes Land

Im Mittelalter gab es auf der Nordhalbkugel eine relativ warme Phase, die man auch das Wärmeoptimum des Mittelalters nennt. Demnach war es selbst auf der Insel Grönland – die heute ganzjährig fast komplett mit Schnee und Eis bedeckt ist – in der Zeit zwischen den Jahren 900 und 1400 ungewöhnlich warm. Zu dieser Zeit gab es an den Küstenregionen grünes Land, dem die Insel ihren Namen verdankt, und Wikinger ließen sich hier nieder. Doch Ende des 14. Jahrhunderts häuften sich zunächst Extremwetter, ungewöhnlich kalte und warme Jahre wechselten sich ab. Nach dieser wechselhaften Phase kam es zu einer Abkühlung, die das mittelalterliche Wärmeoptimum beendete. Die Wikinger mussten ihre Siedlungen aufgeben und verließen Grönland.

Höhle der Bestien

Vor mehr als 7 000 Jahren hielten die Bewohner der Sahara die Tierwelt in Felszeichnungen fest. Damals war die Wüste grün und voller Leben. Dann gingen die Niederschläge zurück und Tiere sowie Menschen verließen die Region.

Die Durchschnittstemperatur auf der Nordhalbkugel ist im Holozän bemerkenswert stabil. Kalt- und Warmphasen wechseln sich ab. Das Mittelalter war etwas wärmer, worauf eine leichte Abkühlung folgte: die Kleine Eiszeit. Heute befinden wir uns wieder in einer Warmphase.

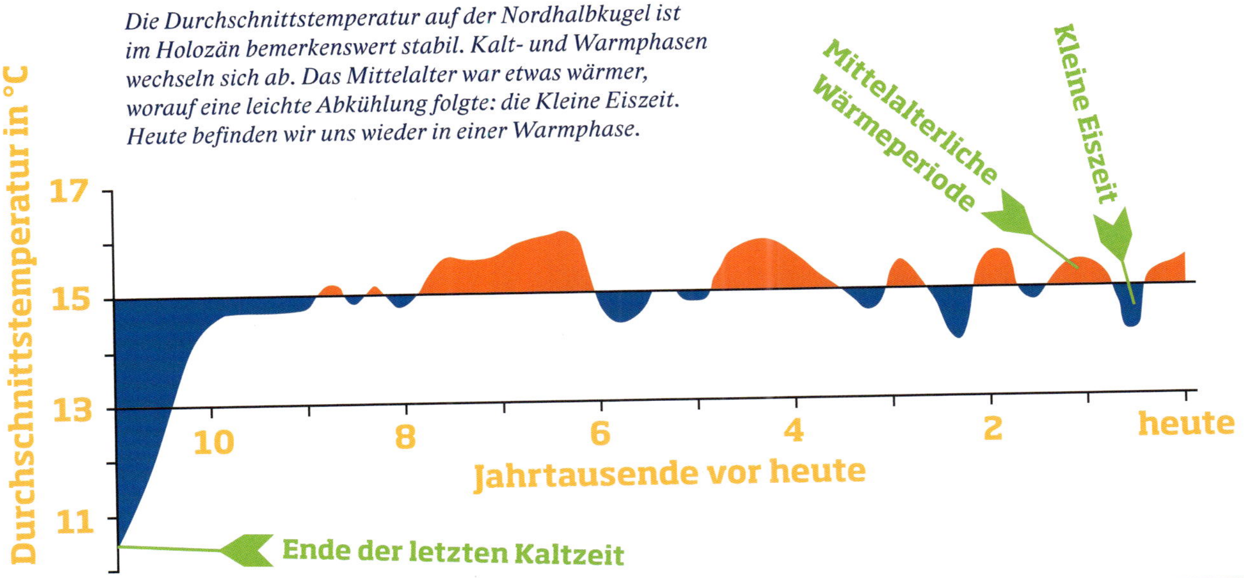

Temperatur im Holozän

In der Kleinen Eiszeit froren Flüsse und Seen zu. Maler hielten in ihren Bildern das Treiben auf dem Eis fest.

Kleine Eiszeit

Diese Abkühlung führte direkt in die Kleine Eiszeit, die vom 14. Jahrhundert bis Mitte des 19. Jahrhunderts andauerte. In Zentraleuropa waren die Winter besonders kalt und ließen Flüsse und Seen zufrieren. Die Menschen nutzten die zugefrorenen Gewässer: Sie hielten Märkte ab und fuhren Schlittschuh, wie Bilder aus dieser Zeit zeigen. Weiter waren Sommer in der Kleinen Eiszeit nur kurz und verregnet, oft mit Hagelstürmen. Dadurch fielen die Ernten oft schlecht aus. Es kam zu Hungersnöten und Kriegen.

Neue Methoden

Die Menschen suchten nach Lösungen für den Nahrungsmangel. Man erprobte neue Anbaumethoden und experimentierte mit Pflanzen, die nach der Entdeckung Amerikas von dort kamen – etwa mit Kartoffeln und Tomaten. Es war eine Zeit des Aufbruchs, in der neue Formen der Landwirtschaft entstanden. Man verbreitete die Erkenntnisse in Flugblättern und Büchern. Hieraus erwuchsen die modernen Naturwissenschaften. All das verdanken wir einem eher kleinen Klimawandel.

Es wird wärmer

Ab etwa 1850 begann sich die Erde wieder zu erwärmen und die Kleine Eiszeit war überwunden. Seitdem steigt die Temperatur unaufhaltsam und so schnell wie schon lange nicht mehr. In den letzten 100 Jahren ist die globale Durchschnittstemperatur um ein ganzes Grad gestiegen. Viele Forscher beschäftigen sich mit der Frage, wie dieser Temperaturanstieg zustande kam und was er für die Zukunft des Menschen bedeutet.

Mildes Klima hatte Wikinger auf die Insel Grönland geführt. Als sich das Klima abkühlte, mussten sie diese Siedlung aufgeben.

Es wird wärmer

Der Mensch verstärkt den natürlichen Treibhauseffekt. Er erzeugt in Kohlekraftwerken Strom, treibt mit Benzin Autos, Schiffe und Flugzeuge an und heizt mit Erdöl sowie Gas sein Zuhause. Dabei wird CO_2 frei. Durch Reisfelder und Viehherden entsteht Methan, ein noch stärkeres Treibhausgas.

Den modernen Menschen gibt es im Vergleich erst seit recht kurzer Zeit. Er passte sich an die wechselnden Umweltbedingungen an – Einfluss auf das Klima hatte er anfangs nicht. Doch er unterschied sich von den meisten anderen Tieren: Er wurde zum geschickten Werkzeugmacher und zähmte das Feuer. Als Homo sapiens eroberte er alle Kontinente und drang in alle Klimazonen vor. Mit seiner Verbreitung über die Welt nahm auch die Zahl der Menschen in rasantem Tempo zu. Am Ende der letzten Kaltzeit lebten weltweit schätzungsweise fünf bis zehn Millionen Menschen auf dem Planeten, vor 2 000 Jahren dürften es bereits zwischen 170 und 400 Millionen gewesen sein. Im Jahr 2019 besiedelten bereits mehr als 7,7 Milliarden Menschen die Erde.

Mehr Treibhausgase

Besonders stark nahm die Weltbevölkerung mit dem Beginn der industriellen Revolution im 18. Jahrhundert zu. In den letzten zwei Jahrhunderten nutzte der Mensch fossile Energiequellen – zunächst Kohle, später auch Erdöl und Erdgas. In Dampfmaschinen, Kraftwerken, Autos, Schiffen, Flugzeugen, Fabriken und in den Öfen der Wohnhäuser wurde Kohlenstoff verbrannt, der vor Urzeiten durch Pflanzen und Mikroorganismen gebunden wurde. So gelangte immer mehr Kohlendioxid in die Atmosphäre und reicherte sich dort an.

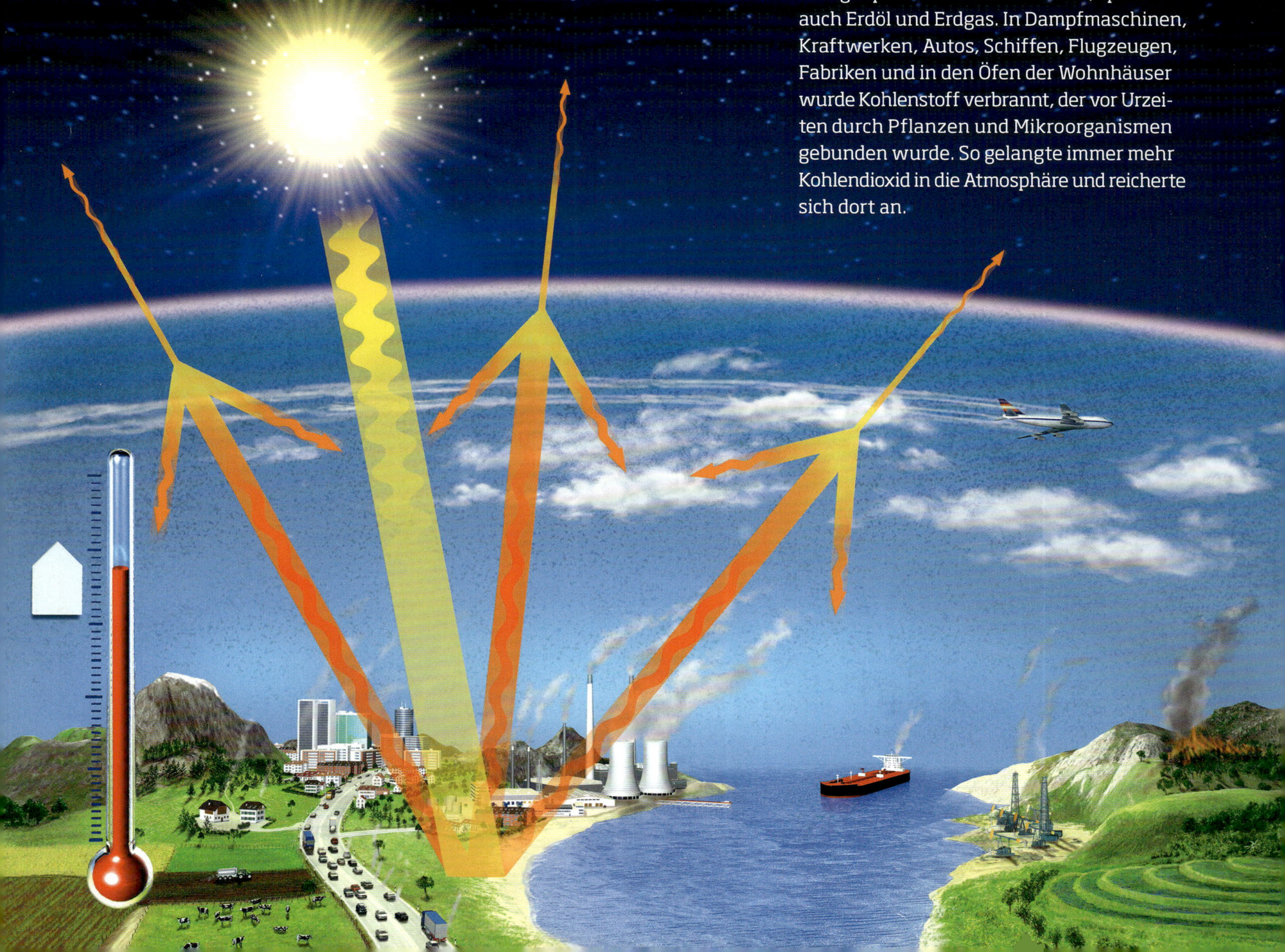

Die Industrieländer stoßen große Mengen Treibhausgase aus. Doch von den Folgen der Klimaerwärmung sind alle Länder betroffen, auch die Entwicklungsländer mit einem geringen Energieverbrauch.

Höhere Temperaturen

Dieses Mehr an Kohlendioxid führte zusammen mit anderen vom Menschen freigesetzten Treibhausgasen zu einem verstärkten Treibhauseffekt. Allein in den letzten hundert Jahren stieg die globale Durchschnittstemperatur um ein Grad Celsius. Während alle anderen Klimaveränderungen der Erdgeschichte sich ohne Zutun des Menschen ereigneten, ist die derzeitige Erderwärmung zum größten Teil vom Menschen verursacht.

Die Keeling-Kurve

Im Jahr 1958 begann der Chemiker und Klimaforscher Charles David Keeling auf Hawaii mit den ersten regelmäßigen CO_2-Messungen. Der erloschene Vulkan Mauna Loa ist weit genug entfernt von der Industrie und den großen Städten des amerikanischen Festlandes. Keeling hat ein Gerät entwickelt, das Luft ansaugt und den Gehalt an Kohlendioxid ständig bestimmt. Diese Messreihe wird bis heute fortgeführt. Die Kohlendioxidkurve heißt auch Keeling-Kurve und belegt den stetigen und überaus schnellen CO_2-Anstieg. Für Keeling stand nach Auswertung seiner Daten fest, dass die Verbrennung fossiler Energieträger durch den Menschen und das dadurch freigesetzte Kohlendioxid zur globalen Erwärmung beitragen.

Immer mehr Kohlendioxid

Der CO_2-Gehalt wird in ppm (parts per million) gemessen. 1 ppm bedeutet, dass ein Molekül CO_2 auf eine Million Moleküle der Luft trifft. Als Keeling mit den Messungen im Jahr 1958 begann, lag der Wert knapp unter 320 ppm. Dank Eisbohrkernen konnte man die CO_2-Entwicklung bis in frühere Zeiten zurückverfolgen. Im Jahr 1750, also kurz vor der industriellen Revolution, lag der Gehalt an CO_2 noch bei 280 ppm. 2017 waren es bereits mehr als 405 ppm! Der durch menschliche Aktivitäten gestiegene CO_2-Gehalt der Atmosphäre ist eine der wichtigsten Ursachen für den Anstieg der globalen Durchschnittstemperatur. Auch andere vom Menschen freigesetzte Treibhausgase wie Methan wirken nun in der Atmosphäre mit einem zusätzlichen Treibhauseffekt. Den größten Effekt hat jedoch Kohlendioxid.

Sonne und Vulkanismus

Zusätzlich wurde der Einfluss der Sonnenstrahlung und von Vulkanausbrüchen auf die derzeitige Klimaerwärmung untersucht. Die Schwankungen der Sonnenaktivität haben nur einen geringen Einfluss auf das Klima. Die Stoffe, die bei eher kleineren Vulkanausbrüchen in die Atmosphäre gelangen, reflektieren Sonnenstrahlung nur über einen Zeitraum von wenigen Jahren zurück ins Weltall und sollten so eigentlich zu einer leichten Abkühlung führen. Natürliche Ursachen können den beobachteten Temperaturanstieg demnach nicht erklären. Die derzeitige Erderwärmung ist eindeutig vom Menschen verursacht.

Aus dem All erscheinen die Industrieländer Europas hell erleuchtet. Die Lichter der Städte sind ein Zeichen dafür, dass große Mengen Treibhausgase ausgestoßen werden.

Seit dem Jahr 1958 werden auf dem Mauna Loa auf Hawaii ständig Luftproben genommen und der CO_2-Gehalt der Atmosphäre bestimmt. Der Mauna Loa ist heute Teil eines weltweiten Messnetzwerks.

Das Eis schmilzt

Die Klimadaten zeigen eindeutig: Seit der Mensch vermehrt Treibhausgase ausstößt, erwärmt sich die Erde stetig. Mit Klimamodellen, die an Computern erstellt werden, versuchen Klimaforscher die Folgen für Mensch und Natur abzuschätzen. Grund zur Besorgnis gibt das schmelzende Eis. Zum einen schmilzt das Meereis des Nordpolarmeeres, zum anderen das Gletschereis auf dem Land: in Grönland, in Antarktika und in den Hochgebirgen weltweit.

Schwindendes Meereis

Als Meereis bezeichnet man gefrorenes Meerwasser, das auf dem Meer schwimmt. Durch sein Schmelzen steigt der Meeresspiegel jedoch nicht an. Allerdings hat der Rückgang des Meereises eine Reihe anderer schädlicher Folgen. Eisbären sind auf Meereis angewiesen, denn von dort aus gehen sie auf die Robbenjagd. Wenn das Eis zurückgeht oder die Zeit der Meereisbedeckung im Jahr immer kürzer wird, ist die Ernährung der Eisbären gefährdet. Auch leben unterhalb des Meereises Fische wie junge Polardorsche. Diese Jungfische ernähren sich von dort lebenden Algen und tierischem Plankton. Verschwindet das Meereis, verschwindet ebenfalls deren Kinderstube und damit ein wichtiger Teil des großen Nahrungsnetzes im Polarmeer.

Der Meeresspiegel steigt

Aus zwei Gründen steigt der Meeresspiegel mit der globalen Erwärmung: Zum einen gelangt Schmelzwasser der Gletscher an Land in die Ozeane und zum anderen dehnt sich Wasser mit zunehmender Temperatur aus. Insgesamt ist der Meeresspiegel seit dem Jahr 1880 um mehr als 20 Zentimeter gestiegen! Der größte Anteil davon beruht auf der Wärmeausdehnung des Wassers. Schreitet die Erwärmung wie bisher voran, könnte der Meeresspiegel bis zum Jahr 2100

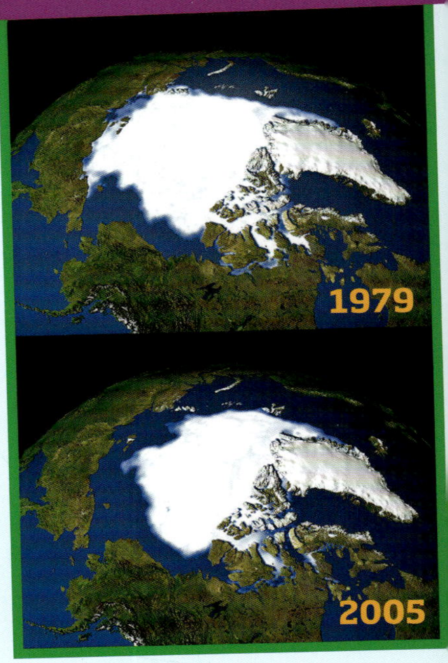

Das sommerliche Meereis der Arktis schwindet in Fläche und Dicke. Seit den frühen 1980er-Jahren hat das Eisvolumen um ein Viertel abgenommen. Kleine Veränderungen werden durch Rückkopplungsmechanismen enorm verstärkt, deshalb die beschleunigte Erwärmung der Arktis.

Schon gewusst?

Der Weltklimarat (IPCC) führt die Erwärmung von 0,7 Grad Celsius zwischen 1951–2010 hauptsächlich auf den menschengemachten Treibhauseffekt zurück. Der Anteil natürlicher Faktoren wird auf ungefähr 0,1 Grad Celsius geschätzt.

Wissenschaftler des deutschen Forschungsschiffes »Polarstern« verfolgen den Rückgang des arktischen Meereises. Sie stellen fest, dass in den letzten Jahrzehnten Fläche und Dicke stark abgenommen haben.

allein durch die Wärmeausdehnung um mindestens weitere 30 Zentimeter steigen. Damit steigt für viele küstennahe Regionen die Überflutungsgefahr. Einige flache Koralleninseln, etwa im Indischen Ozean oder im Pazifik, könnten sogar unbewohnbar werden.

Flache Inseln und Inselgruppen drohen bis Ende des Jahrhunderts unterzugehen. Ihre Bewohner müssen sich bis dahin eine neue Heimat suchen.

Wenn Gletscher schmelzen

Neben dem Anstieg des Meeresspiegels durch Wärmeausdehnung schmelzen Eismassen an Land, also Gletscher und die Eisschilde von Grönland und Antarktika. Derzeit beträgt der Anstieg des Meeresspiegels etwa dreieinhalb Millimeter jährlich. Dadurch gehen zwar Küstengebiete und Inseln nicht sofort unter; jedoch steigt mit dem Meeresspiegel das Risiko von Extremfluten. Diese Fluten entstehen, wenn sich Sturmfluten, Gezeitenhochwasser und hohe Wellen überlagern. Gezeitenhochwasser wird durch das Zusammenspiel von Ebbe und Flut ausgelöst. Extremfluten können Barrieren überwinden und Wohngebiete überschwemmen.

Hurrikan Sandy

Viele Wissenschaftler vermuten, dass die Schäden, die der Hurrikan Sandy 2012 angerichtet hat, durch den höheren Meeresspiegel verstärkt wurden.

Der Weltklimarat – IPCC

IPCC steht für den englischen Namen Intergovernmental Panel on Climate Change, was übersetzt Zwischenstaatlicher Ausschuss zum Klimawandel bedeutet. Anstelle dieser umständlichen Bezeichnung sagt man auch Weltklimarat dazu. Dabei handelt es sich um eine Gruppe von Experten, die Informationen zum Klimawandel sammeln und sich mit den Folgen der Erderwärmung befassen. In regelmäßigen Abständen gibt der Weltklimarat einen Bericht heraus, in dem er seine Erkenntnisse vorlegt. Jedes Jahr findet außerdem eine Klimakonferenz statt, an der über 190 Länder teilnehmen. Diese Konferenz wird immer an einem anderen Ort abgehalten.

Was wird sich noch verändern?

Waldbrände wie hier in den USA könnten sich in Zukunft häufen, wenn der Klimawandel einige Regionen trockener und heißer werden lässt.

Der steigende Meeresspiegel ist als direkte Folge der Erderwärmung leicht zu verstehen, aber es ist nicht die einzige Folge. Einige wenige Menschen werden von der Erderwärmung profitieren. Zum Beispiel die Weinbauern nördlich der Alpen, da die Traubenernte bei wärmerem Klima besser ausfällt. Doch für viele andere bringt eine wärmere Erde Nachteile mit sich.

Dürren, Fluten und Waldbrände

Es werden sich Wettermuster verändern, was einige Regionen trockener, andere wiederum feuchter werden lässt. Was zunächst wie ein Widerspruch klingt, hat eine einfache Erklärung: Durch höhere Temperaturen verdunstet mehr Wasser. Dies bewirkt noch mehr Trockenheit in ohnehin schon trockenen Orten. Woanders geht das Wasser als Regen oder Schnee nieder und erhöht dort die Wahrscheinlichkeiten für Überschwemmungen. Wo es trocken und heiß ist, steigt das Risiko für Waldbrände. Bereits heute hat die Zahl solcher Brände in vielen Teilen der Welt zugenommen, etwa in Australien, Europa oder den USA.

Extremwetter

Eine globale Erwärmung bedeutet mehr Energie in der Atmosphäre und in den Ozeanen – und das wiederum führt zu extremen Wetterereignissen wie Wirbelstürmen oder schweren Schneefällen im Winter. So können die vielen Schneestürme und Blizzards, wie sie in Teilen der USA vorkommen, ein Anzeichen des Klimawandels sein. Wenn es also in einigen Regionen häufiger zu Winterstürmen und heftigen Schneefällen kommt, spricht dies nicht gegen die Erderwärmung. Global gesehen wird das Wetter allerdings generell heißer und es wird häufiger zu Hitzewellen kommen. Die Hitze ist nicht nur unerträglich, sondern auch gefährlich. Viele, vor allem ältere und kranke Menschen, sterben während dieser Hitzewellen vorzeitig.

Schädlinge und Krankheiten

Der Klimawandel kann auch zur Verbreitung von Krankheiten führen, die über Insekten und Parasiten übertragen werden.
So werden Zika- und Dengue-Fieber-Erreger über Moskitos von einem Menschen auf den

Schon gewusst?

Die Atmosphäre kann mit jedem zusätzlichen Grad mehr Wasserdampf speichern. Dieses Mehr an Wasser kommt an anderer Stelle als Regen wieder herunter. Wissenschaftler gehen davon aus, dass das Risiko für Hitzegewitter und Starkregen mit zunehmender Erderwärmung steigt.

anderen übertragen. In wärmeren Regionen verkürzt sich die Zeit, die zwischen Übertragung und Ausbruch der Krankheit liegt. So kann sich die Krankheit schneller verbreiten. Schlimmer noch: Höhere Temperaturen vergrößern das Ausbreitungsgebiet der Krankheitsüberträger. Davon betroffen sind inzwischen auch schon Teile Europas, wo diese Erreger bislang kein Problem darstellten.

Artensterben

Einige Pflanzen- und Tierarten können sich nicht schnell genug an das wärmere Klima anpassen oder haben keine Möglichkeit, abzuwandern und sich eine neue Heimat zu suchen. Diese Arten werden mit steigenden Temperaturen verschwinden. Wenn es in den Hochgebirgen immer wärmer wird, wandern Pflanzen- und Tierarten nach oben und verdrängen die kälteangepassten Arten, die in den Gipfelregionen leben. Es ist damit zu rechnen, dass es in Zukunft durch die Erderwärmung zu einem klimabedingten Artensterben kommt.

Ungleiche Folgen

Die mit dem Klimawandel einhergehenden Temperaturveränderungen können also je nach Region sehr unterschiedlich ausfallen. Insgesamt ist die Welt zwar wärmer geworden. Doch in einigen Regionen auf der Südhalbkugel kam es zur Abkühlung. Auf der Nordhalbkugel hingegen ist ein dramatischer Temperaturanstieg zu beobachten.

Klimaturm in Sibirien

Die Böden der Arktis sind Dauerfrostböden, in denen viel Kohlenstoff gespeichert ist. Doch durch den Klimawandel erwärmt sich die Arktis. Was bedeutet dies für die Böden und für die Treibhausgase? Mit den Daten, die mit einem Klimaturm in Sibirien gewonnen werden, soll berechnet werden, wie viel Kohlendioxid und Methan aus den Permafrostböden durch die Erderwärmung in die Atmosphäre entweichen.

Nach einem Blizzard ist wie hier am Lake Michigan in den USA alles mit einer Eisschicht bedeckt. Heftige Winterstürme sind eine Folge des Klimawandels.

Unglaublich!

Derzeit wird durch die von Menschen freigesetzten Treibhausgase unvorstellbar viel Energie in die Atmosphäre eingebracht. Pro Sekunde ist das so viel Energie, wie in 500 000 Blitzen steckt! Da wundert es nicht, dass das auch schwerwiegende Veränderungen für unseren Planeten mit sich bringt.

Das Klima der Zukunft

Im Jahr 2018 hat der Weltklimarat einen Sonderbericht veröffentlicht. Darin wird geschildert, wie die Welt aussehen könnte, wenn sie 1,5 Grad Celsius wärmer ist als vor der Industrialisierung. Da wir bereits eine Erwärmung von 1,0 Grad hinter uns haben, fehlt also nur noch ein halbes Grad. Dieser Wert von 1,5 Grad wurde von vielen Nationen als maximaler Wert festgesetzt, der nicht überschritten werden darf. Um die Erwärmung auf dieses Ziel beschränken zu können, ist es unbedingt erforderlich, dass alle Emissionen, also der Ausstoß an Treibhausgasen, auf null reduziert werden. Es dürfen keine zusätzlichen Treibhausgase mehr in die Atmosphäre gelangen.

Was wäre, wenn ...?

Wenn wir schnell und entschieden handeln, steigt die globale Temperatur bis 2100 nur um 1,5 Grad. Was aber ändert sich gegenüber heute, wenn es uns nicht gelingt, die Erderwärmung zu bremsen? Den Anstieg des Meeresspiegels kann man nur schätzen.
Die Wissenschaftler des IPCC befassen sich auch mit den Folgen der Erderwärmung und haben verschiedene Szenarien in Simulationen durchgerechnet. Das Ergebnis: Werden die Emissionen nicht reduziert, hat das für viele Menschen katastrophale Folgen. Neben der Überflutung von Küstenbereichen wirkt sich die Erwärmung ebenso auf die Versorgung mit Wasser und Nahrungsmitteln aus.

Schon heute hat Großbritanniens Hauptstadt mit dem steigenden Meeresspiegel zu kämpfen. Diese Schleuse trennt den Fluss Themse von der Nordsee und schützt London vor hohen Fluten.

+ 1,5 °C

Extremwetter wie Starkregen, Hitzewellen und Überschwemmungen haben zugenommen. Die Stürme sind stärker und zerstörerischer geworden. Der Meeresspiegel könnte um bis zu 80 Zentimeter höher sein. Industrieländer an der Küste werden ihre Dämme erhöhen und verstärken müssen. Länder wie hier Bangladesch, das schon heute durch den Monsun mit Überflutungen zu kämpfen hat, haben diese Möglichkeit nicht.

+ 2 °C

Der Meeresspiegel könnte um bis zu 90 Zentimeter steigen. Das Nordpolarmeer wäre dann im Sommer völlig eisfrei. Die Erderwärmung könnte vielen Forschern zufolge den Kipppunkt erreicht haben. Das heißt, die Erderwärmung hätte nun einen Punkt erreicht, an dem sie nicht mehr umkehrbar ist. Nun könnten die Eismassen Grönlands und der Westantarktis unaufhaltsam abschmelzen. Dies hätte in den folgenden Jahrhunderten einen Meeresspiegelanstieg von mehreren Metern zur Folge.

Leben auf dem Meer

Wenn der Meeresspiegel steigt und die Städte der Küstenregionen unter Wasser stehen, könnten künstliche Inseln oder schwimmende Städte eine Lösung sein. Ärmere Menschen werden sich diese Städte wohl nicht leisten können.

Eine globale Erwärmung um fünf Grad Celsius hätte katastrophale Folgen für die Küstenregionen Europas. Die dunkelblaue Linie zeigt den heutigen Küstenverlauf. Dänemark und der Norden Deutschlands wären überschwemmt und unbewohnbar.

+ 4 °C

Der Meeresspiegel könnte um bis zu einem Meter gestiegen sein und wird in Zukunft weiter steigen. Die Häufigkeit schwerer Fluten hat in vielen Regionen zugenommen. Ohnehin schon trockene Regionen sind wegen geringer Niederschläge noch trockener geworden. Unter Dürren leiden besonders der Süden Afrikas, der Südwesten der USA und die Mittelmeerländer.

+ 5 °C

Der Meeresspiegel könnte um bis zu zwei Meter gestiegen sein. Viele Küstenregionen sind überflutet. Millionenstädte sind bereits teilweise evakuiert worden. Im Laufe der nächsten Jahrhunderte werden auch die letzten Eisschilde abschmelzen und der Meeresspiegel wird insgesamt um etwa 60 Meter ansteigen. Weitere Küstenregionen werden so überflutet.

So wie hier am 15. März 2019 in Frankfurt protestieren viele Schüler weltweit gegen die Klimapolitik der Erwachsenen. Besonders die Kinder und Jugendlichen von heute werden die Folgen des Klimawandels zu spüren bekommen.

Weltweiter Klimaschutz

Wir müssen heute Entscheidungen treffen, um auch den nachfolgenden Generationen ein Leben auf unserer Erde zu ermöglichen. Um die Folgen des rasch fortschreitenden Klimawandels begrenzen zu können, müssen schnell wirksame Maßnahmen getroffen werden.

Treibhausgase stoppen

Die Begrenzung der Erderwärmung kann nur gelingen, wenn augenblicklich begonnen wird, den Ausstoß an Kohlendioxid und anderen Treibhausgasen deutlich zu vermindern. Am besten wäre es, der Atmosphäre gar kein Kohlendioxid mehr hinzuzufügen. Da der Großteil der Treibhausgase beim Verbrennen von fossilen Brennstoffen entsteht, muss für diese Energiequelle Ersatz gefunden werden. An ihre Stelle können erneuerbare Energien treten: Solarenergie, Wind- und Wasserkraft oder Erdwärme. Einige sehen in Atomkraftwerken die Lösung für das CO_2-Problem. Allerdings bringt die Kernenergie andere Probleme mit sich. So ist zum Beispiel nicht geklärt, was mit den abgebrannten Brennstäben und dem radioaktiven Abfall geschehen soll.

Earth Hour – die Stunde der Erde

Am 30. März 2019 wurden alle Menschen der Erde dazu aufgefordert, um 20:30 Uhr Ortszeit für eine Stunde das Licht auszuschalten. Begonnen hatten 2007 australische Umweltschützer – und über zwei Millionen australische Haushalte machten mit. Seitdem wird die Earth Hour jährlich veranstaltet und ist inzwischen die größte Umweltschutzaktion der Welt. Sie setzt ein Zeichen für unseren Heimatplaneten und für mehr Klimaschutz. Jeder Einzelne kann teilnehmen, aber auch Städte und Unternehmen. In Deutschland waren 2019 über 380 Städte beteiligt; viele Wahrzeichen in mehr als 180 Ländern blieben dunkel. Die Earth Hour soll daran erinnern, dass wir nicht nur uns selbst bedrohen, sondern auch die Hälfte aller Tier- und Pflanzenarten verschwindet, wenn wir so weitermachen wie bisher.

Earth Hour in Berlin, 2019: In wenigen Minuten wird hier die Beleuchtung des Brandenburger Tors für eine Stunde ausgeknipst. Tausende Städte weltweit setzen so ein Zeichen für mehr Klima- und Umweltschutz.

Künstliche Abkühlung?

Einige Forscher schlagen vor, unseren Planeten künstlich abzukühlen. Man könnte einen Teil des Sonnenlichts ins Weltall zurückstrahlen oder CO_2 aus der Atmosphäre entfernen. Allerdings sind diese großen Eingriffe in das Klima noch weit entfernt von der Realisierung und mögliche schädliche Folgen sind nicht geklärt. Um CO_2 aus der Atmosphäre zu entfernen, wären gewaltige Industrieanlagen notwendig. Deswegen wird dieses Verfahren in nächster Zukunft das Klimaproblem nicht lösen können.

Transport und Verkehr

Besser ist es, Energie einzusparen – etwa bei der Mobilität. Autos müssen in Zukunft deutlich weniger Treibstoff verbrauchen oder mit Strom betrieben werden, der aus erneuerbaren Energiequellen stammt. Außerdem sind kleinere Autos sparsamer, da sie in der Produktion und beim Fahren weniger Treibhausgase verursachen. Noch besser sind öffentliche Verkehrsmittel, denn sie verursachen weniger Treibhausgase als Autos. Wenn man ein Auto benötigt, nimmt man am besten einen klimaneutralen Leihwagen. Es gibt also zahlreiche Möglichkeiten, das Klima zu schützen.

Klimaschutz und Gebäude

Im Jahr 2010 waren weltweit 19 Prozent der Treibhausgase und 32 Prozent des Energieverbrauchs auf Gebäude zurückzuführen. Dieser Verbrauch entsteht größtenteils beim Heizen, aber auch beim Kühlen mit Klimaanlagen. Wenn wir so weitermachen wie bisher, wird sich der Energieverbrauch durch Gebäude bis zum Jahr 2050 verdoppeln oder sogar verdreifachen. Gerade in ärmeren Ländern werden in Zukunft die Menschen wohlhabender und in Wohnungen mit Elektrizität leben – so wird der weltweite Energieverbrauch weiter ansteigen.

Wir müssen also dringend den Energieverbrauch von Gebäuden senken. Das betrifft bestehende Gebäude und Neubauten. Die Gebäude müssen mit Energiesparfenstern ausgestattet und auch sonst gut gedämmt sein, damit die Wärme nicht entweicht. Auch wenn Niedrigenergiehäuser aufwendiger beim Bauen sind, verbrauchen sie über die ganze Nutzungsdauer gesehen deutlich weniger Energie als herkömmliche Gebäude. Noch besser sind Häuser, die gar keine Energie benötigen, sondern Energie erzeugen: Durch Sonnenkollektoren und Solarzellen kann Duschwasser erhitzt und elektrischer Strom produziert werden.

Schon gewusst?

Mit Solarzellen auf dem Dach kann man seinen eigenen Strom erzeugen. Wer kein eigenes Haus hat, kann ganz bequem Ökostrom beziehen. Dieser wird aus Sonnenlicht, Wind- oder Wasserkraft gewonnen. Der große Vorteil dieser erneuerbaren Energiequellen: Sie sind klimaneutral und praktisch unerschöpflich.

Schüler für den Klimaschutz

Greta Thunberg, Schweden

Die Schülerin Greta Thunberg hatte erstmals im Alter von acht Jahren von der Erderwärmung erfahren und ihr Leben umgestellt. Weltweit bekannt wurde sie als 15-Jährige. Sie ist Begründerin von »Fridays for Future«. Bei diesen Aktionen demonstrieren Schüler weltweit für den Klimaschutz. Greta spricht auch mit Politikern und hat bei der Klimakonferenz schon eine Rede gehalten. Sie wird von Wissenschaftlern unterstützt und ist für viele Kinder und Jugendliche ein Vorbild.

Felix Finkbeiner, Deutschland

In der vierten Klasse hatte Felix von einer Frau aus Kenia erfahren, die in ihrem Land innerhalb von 30 Jahren 30 Millionen Bäume gepflanzt hatte. Das können wir auch, dachte sich der damals Neunjährige und pflanzte 2007 mit anderen Kindern seiner Schule den ersten Baum. Felix gründete den Verein »Plant for the Planet«, der Spenden sammelt, um Bäume zu pflanzen. Sein Ziel ist es, weltweit eine Billion Bäume zu pflanzen. 2018 wurde er mit dem Bundesverdienstkreuz ausgezeichnet.

Was jeder tun kann

Beim Klimaschutz ist jeder gefordert: Politiker, Unternehmer, Privatleute, Erwachsene, Kinder und Jugendliche. Jeder kann und jeder muss etwas tun, damit die schlimmsten Folgen noch abgewendet werden und die Welt wenigstens ungefähr so bleibt, wie wir sie kennen.

Klimafreundlich leben kann jeder

In Deutschland verursacht jeder Mensch rund zwölf Tonnen Kohlendioxid im Jahr. Wenn wir Umwelt und Klima für künftige Generationen schützen wollen, dann muss sich dieser Wert deutlich verringern. Um klimaneutral zu leben, müssten wir jährlich nur rund eine Tonne CO_2 pro Kopf ausstoßen. Auch du kannst das Klima schützen, indem du deinen CO_2-Verbrauch senkst.

Dein CO_2-Fußabdruck

Der CO_2-Fußabdruck sagt, welche Spuren ein Mensch durch sein Leben und den Konsum hinterlässt. Er ist ein Maß dafür, wie klimaschädlich sein Lebensstil ist. Es wird zusammengerechnet, wie viel CO_2 und andere Treibhausgase du verursachst. Dabei werden andere Treibhausgase wie Methan und Lachgas in CO_2 umgerechnet. In die Berechnung fließen Stromverbrauch, Heizbedarf, Essverhalten, Transportmittel, aber auch Kleidung und Spielzeug, Sportgeräte und vieles andere mehr ein. Was auch immer du tust: Es hat Einfluss auf deinen CO_2-Fußabdruck. Überlege dir also, wo du Energie und Rohstoffe sparen kannst. Das ist gar nicht mal so schwierig!

Schalte Computer, Spielekonsole und Fernseher richtig aus, wenn du aus dem Zimmer gehst. Denn Geräte im Stand-by-Betrieb verbrauchen Strom. Am besten die Geräte über eine Steckerleiste mit Schalter betreiben – so kannst du alle Geräte gemeinsam ausschalten. Beim Verlassen von Räumen das Licht ausmachen.

Treppensteigen hält fit! Denn die Bewegung ist gesünder, als mit Aufzug oder Rolltreppe zu fahren, und spart zusätzlich Energie.

Alte stromfressende Glühbirnen am besten durch moderne LED-Lampen oder Energiesparlampen austauschen.

Richtig lüften und heizen. Das Fenster in der kalten Jahreszeit nicht gekippt lassen, sondern nur kurz für fünf Minuten öffnen, um frische Luft ins Zimmer zu lassen. Außerdem nur die Zimmer heizen, die auch wirklich warm sein sollen. Oft sind Zimmer überheizt – einfach die Temperatur um ein oder zwei Grad senken und lieber einen Pulli tragen. Das spart Energie und Geld.

Die Wäsche an der frischen Luft oder in der Wohnung trocknen lassen, anstatt sie in den Trockner zu geben.

Weniger Fleisch und tierische Produkte wie Käse oder Milch, dafür mehr Gemüse essen. Fleisch und Milch verbrauchen in der Produktion sehr viel Energie. Außerdem entstehen in Rindermägen große Mengen Methan, ein stark wirksames Treibhausgas.

Der Transport von Lebensmitteln kostet sehr viel Energie. Deshalb Produkte aus der Region kaufen, am besten auf Wochenmärkten oder direkt vom Bauernhof.

Abfall und Müll vermeiden und auf umweltfreundliche Produkte achten. Keine Plastiktüten und keine unnötige Verpackung verwenden. Viele Produkte kann man lose, ohne Verpackung kaufen. Papier kann man auch auf der Rückseite beschreiben und für Notizen nutzen.

Viele Geräte kann man länger benutzen, als man es tatsächlich tut. Es muss nicht immer das neueste Smartphone sein. Manche Geräte, die man nicht so häufig benutzt, kann man auch leihen oder sich gemeinsam mit anderen anschaffen, zum Beispiel einen Rasenmäher.

Viele Eltern fahren Ihre Kinder mit dem Auto zur Schule oder zum Sport. Besser du gehst zu Fuß oder fährst mit dem Fahrrad, dem Bus oder der Bahn.

Viel Kohlendioxid gelangt bei Autofahrten und vor allem bei Flugreisen in die Atmosphäre. Deshalb lieber Urlaub dort machen, wo man mit der Eisenbahn hinkommt.

Angeberwissen

- Wer von Frankfurt nach Australien fliegt, legt hin und zurück 33 000 Kilometer zurück und erzeugt so über zwölf Tonnen CO_2 pro Person.
- Wer unbedingt fliegen muss, kann seine CO_2-Schuld begleichen, indem er Organisationen Geld spendet, die dafür Bäume pflanzen.

Glossar

Die Sonne liefert die Energie für das Wetter- und Klimageschehen in der Atmosphäre unseres Planeten.

Absorbieren: Das Aufnehmen und Speichern von z.B. Licht oder Wärmestrahlung.

Aerosole: Feine, feste oder flüssige Schwebstoffe in der Atmosphäre.

Albedo: Eigenschaft einer Oberfläche, Licht zurückzustrahlen. Helle Flächen haben eine hohe Albedo, dunkle eine niedrigere.

Atmosphäre: Gashülle, die durch die Schwerkraft an einen Planeten gebunden ist. Die Erdatmosphäre besteht aus einem Gemisch aus Stickstoff, Sauerstoff, etwas Argon und geringen Mengen Spurengasen, darunter Treibhausgase.

Emission: Ausstoß von Schadstoffen, etwa von Treibhausgasen.

Fossile Brennstoffe: Kohle, Erdöl und Erdgas, die sich vor Jahrmillionen aus den Überresten von Lebewesen gebildet haben und heute als Rohstoff für die chemische Industrie und zur Energiegewinnung dienen.

Glazial: Kaltzeit als Teil eines Eiszeitalters.

Holozän: Warmzeit, die vor etwa 12 000 Jahren einsetzte und der letzten Kaltzeit des Pleistozäns (Eiszeitalters) folgt. Diese Warmphase dauert bis heute an.

Infrarotlicht: Nicht sichtbare, aber spürbare Wärmestrahlung. Auch IR-Licht genannt.

Interglazial: Warmzeit als Teil eines Erdzeitalters. Auch Zwischeneiszeit genannt.

IPCC: Abkürzung für Intergovernmental Panel on Climate Change, deutsch: Zwischenstaatlicher Ausschuss zum Klimawandel. Das IPCC wird auch Weltklimarat genannt.

Klima: Das durchschnittliche Wetter einer Region oder eines Ortes über mindestens 30 Jahre.

Klimamodell: Computergestützte Berechnungen, um Aussagen über die Klimaentwicklung der Vergangenheit und der Zukunft machen zu können.

Klimatologe: Klimaforscher.

Klimazonen: Regionen der Erde, in denen jeweils ein ähnliches Klima herrscht.

Kohlendioxid (CO_2): Farb- und geruchloses Treibhausgas, das beim Atmen und bei der Verbrennung von Kohlenstoff entsteht und als Spurengas in der Erdatmosphäre enthalten ist.

Kryosphäre: Teil des Klimasystems der Erde, der alles gefrorene Wasser umfasst: Meereis, Inlandgletscher, Schelfeis, Gebirgsgletscher, schneebedeckte Flächen und Permafrostboden.

Meteorologe: Wetterforscher.

Methan (CH_4): Farb- und geruchloses Treibhausgas, das unter anderem in Rindermägen und in Sümpfen entsteht.

Milankowitsch-Zyklen: Langfristig auftretende, regelmäßige Klimaschwankungen. Ursache sind Änderungen der Form der Erdbahn, der Erdachsenneigung und der Kreiselbewegung der Erdachse.

Reflektieren: Das Zurückwerfen von z.B. Sonnenstrahlung.

Spurengase: Gase, die nur in geringen Spuren in der Atmosphäre enthalten sind. Darunter Treibhausgase, die zu einer Erwärmung der Erde führen können.

Stratosphäre: Schicht, die ab ca. 8–15 km Höhe auf der untersten Atmosphärenschicht, der Troposphäre (Wetterschicht), aufsitzt. Die Stratosphäre erstreckt sich in Höhen von bis zu 50 km und enthält die Ozonschicht, die schädliches UV-Licht herausfiltert.

Treibhauseffekt: Erwärmung der Erde durch Treibhausgase. Es gibt den natürlichen und den menschengemachten Treibhauseffekt.

Treibhausgase: Gase wie Wasserdampf, Kohlendioxid und Methan, die die Wärme in der Atmosphäre zurückhalten und ein Abstrahlen ins All verhindern.

Troposphäre: Unterstes Stockwerk der Atmosphäre, in der sich das Wetter abspielt.

UV-Strahlung: Abkürzung für ultraviolette Strahlung. Sie ist nicht sichtbar oder spürbar. Kann zu Veränderungen der Haut wie Sonnenbrand führen.

Wetter: Vorgänge in der Troposphäre über einige Tage hinweg.

WAS IST WAS Band 125

Bildquellennachweis: **Alfred-Wegener-Institut:** 38u (Stefan Hendricks); **Archiv Tessloff:** 14mm, 18u, 35ol, 43or; **Flickr:** 37mr (CC BY 2.0/NASA Earth Observatory), 39m (CC BY 2.0/NASA GOES Project); **Max Planck Institut für Biogeochemie, Jena:** 4-5Hg. (Jorge Saturno/MPI-C), 4or (Dr. Eliane Gomes-Alves), 4ur (Dr. Eliane Gomes-Alves), 5or (Tyeen Taylor); **NASA:** 40o (PD/Astronomy Picture of the Day/AFS, BLM); **picture alliance:** 2ml (Rolex Dela Pena/epa), 7mm (Rolex Dela Pena/epa), 32u (akg-images), 32or (Pat Sullivan, file/agoodman/AP Photo), 34ul (Matthias Tödt/dpa-Zentralbild), 37ur (Richard Vogel/AP Photo), 38or (DB NASA/dpa), 43ul (Zakir Hossain Chowdhury/Pacific Press), 44ur (Paul Zinken/dpa), 45ur (Sina Schuldt/dpa); **Reimann, Eberhard:** 8l, 17o (bearbeitet durch Tessloff-Verlag), 29ur, 36u; **Science Photo Library:** 24l (David Hardy); **Shutterstock:** 1 (Mette Fairgrieve), 2or (solarseven), 3ol (Morphart Creation), 3or (r.classen), 3mr (maloff), 6Hg. (Szczepan Klejbuk), 6or (Enrique Aguirre), 7ol (Erde: vectorplus), 7mr (Cosmin Sava), 8or (Soleil Nordic), 9ol (Designua), 9om (Dennis Wegewijs), 9or (Elena Odareeva), 9Hg. (Paopano), 9mr (imagedb.com), 10om (1: sirtravelalot), 10mr (2: Gregory A. Pozhvanov), 10ur (Lenar Musin), 11mm (3: Paolo Seimandi), 11mr (4: AMA), 11or (5: Matt Tilghman), 12Hg. (solarseven), 12or (Olesia_Ru), 12mr (Daniel Fung), 13or (Leonid Ikan), 13mr (Merkushev Vasiliy), 14u (Siberian Art), 15or (Shestakov Dmytro), 15ul (JaneHYork), 15mr (guardiano007), 16-17Hg. (Andrey Matveev), 16um (Allen.G), 17mr (Joana Villar), 18Hg. (Roberaten), 19Hg. (Alex Cofaru), 19m (Thermometer: iunewind), 20o (Designua), 20ur (Kevin Eaves), 21ol (Evgeny Kovalev spb), 21mr (Graphic design), 22ur (Andreea Dragomir), 22-23Hg. (Andreea Dragomir), 23om (Rich Koele), 23ur (Ivan Smuk), 24mr (Blue bee), 24-25Hg. (Mihai_Tamasila), 25or (totajla), 27o (mik ulyannikov), 28-29Hg. (Perutskyi Petro), 28ul (Edelwipix), 28ml (Morphart Creation), 30-31Hg. (Bildagentur Zoonar GmbH), 30-31u (Dotted Yeti), 31mr (DM7), 31or (Andrea Danti), 34Hg. (mario.bono), 35mr (Everett - Art), 35ur (David Dennis), 37or (r.classen), 39o (samserius), 39or (maloff), 39ur (Bob Pool), 41u (John McCormick), 42-43Hg. (Krofoto), 42or (Iain McGillivray), 42ul (Sk Hasan Ali), 42ur (Damsea), 43ol (u3d), 43ur (Steve Heap), 44o (Paapaya), 45or (U.J. Alexander), 45um (photocosmos1), 46m (ultramansk), 46or (Dima Sobko), 46-47Hg. (Nataly Reinch), 46ur (rocharibeiro), 47om (David Papazian), 47ml (Liukov), 47ur (Artsem Martysiuk), 48or (Paopano); **Thinkstock:** 3ul (Dorling Kindersley RF), 11ur (dibrova), 33ur (Dorling Kindersley RF); **Wikipedia:** 2ur (CC-BY 4.0/Helle Astrid Kjær/AWI), 10-11o (CC BY-SA 3.0/LordToran), 12ur (PD: http://www.af.mil/main/disclaimer.asp/United States Air Force, Foto: Senior Airman Joshua Strang), 16mr (PD/www.ngdc.noaa.gov/hazardimages/picture/show/690/T. J. Casadevall, U.S.Geological Survey), 19mm (PD/NASA scientist Joey Comiso), 19mr (PD/NASA scientist Joey Comiso), 22or (CC-BY 4.0/Helle Astrid Kjær/AWI), 22mr (PD/http://www.defense.gov/photoessays/photoessayss.aspx?id=1811/Fred W. Baker III), 23or (PD/Dartmouth Electron Microscope Facility, Dartmouth College), 26ur (PD/NOAA Oceanic and Atmospheric Administration), 27um (CC BY-SA 2.5/Eurico Zimbres), 27ur (CC BY 3.0/Aulo Aasmaa - https://www.panoramio.com/photo/3637344), 41or (PD/Aero9k in der Wikipedia auf Deutsch)

Umschlagfotos: iStock: U1 (HenriVdl); **Shutterstock:** U4 (Johnny Lye)

Gestaltung: Tessloff Verlag

Burgschmietstraße 2–4, 90419 Nürnberg

www.tessloff.com

ISBN 978-3-7886-2110-0

Editionen

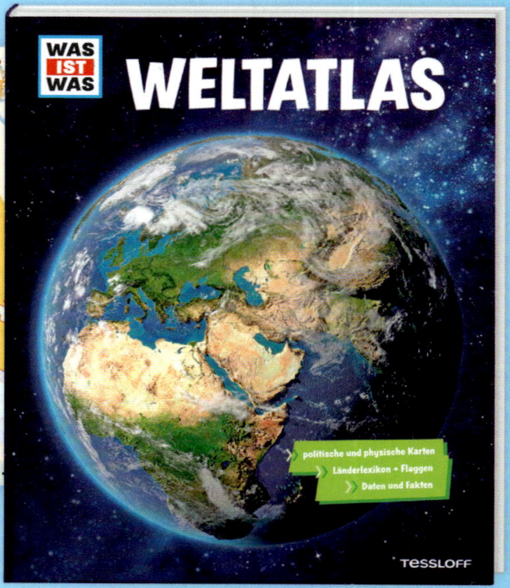

Die Welt in Karten, Flaggen und Fakten auf 232 Seiten.

96 Seiten über die Geschichte der Raumfahrt und den Alltag der Astronauten auf der ISS.

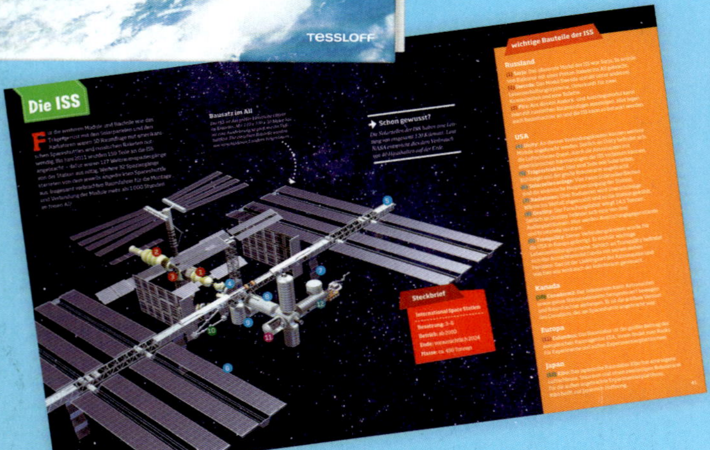

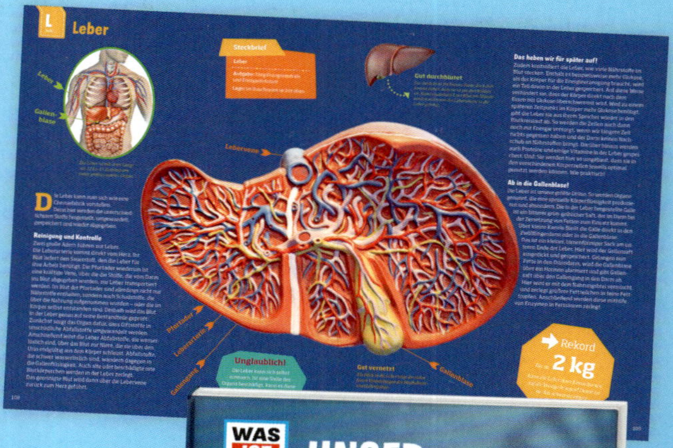

Das Wunderwerk unseres Körpers verständlich erklärt auf 192 Seiten.